Davide Schiffer

Attraverso il microscopio

Neuroscienze e basi
del ragionamento clinico

 Springer

Davide Schiffer
Dipartimento di Neuro-oncologia
Università di Torino

Collana *i blu - pagine di scienza* ideata e curata da Marina Forlizzi

ISBN 978-88-470-1892-1   ISBN 978-88-470-1893-8 (eBook)
DOI 10.1007/978-88-470-1893-8

Questo libro è stampato su carta FSC amica delle foreste. Il logo FSC identifica prodotti che contengono carta proveniente da foreste gestite secondo i rigorosi standard ambientali, economici e sociali definiti dal Forest Stewardship Council

Coordinamento editoriale: Pierpaolo Riva
Layout copertina: Valentina Greco, Milano
Progetto grafico e impaginazione: Valentina Greco, Milano
Stampa: GECA Industrie Grafiche, Cesano Boscone (MI)

Springer-Verlag Italia S.r.l., via Decembrio 28, I-20137 Milano
Springer-Verlag fa parte di Springer Science+Business Media (www.springer.com)

ₒ○◯ **Prefazione**[1]

George Engel, il fondatore della psicosomatica moderna, ha sottolineato come il paziente non sia l'oggetto di studio della medicina, ma l'iniziatore e collaboratore del processo clinico[2]. Il medico, a sua volta, è un osservatore che viene coinvolto nel processo filtrando il mondo interno e profondo del paziente attraverso la sua visione personale, per comparazione e chiarificazione. In questo modo l'osservazione esterna, l'introspezione e il dialogo costituiscono la metodologia di base del processo clinico.

È difficile pensare a una dimostrazione migliore della necessità di integrare questi elementi di quella fornita da questo libro, che illustra anche quanto siano tenui i confini tra vita professionale e personale di un medico che si dedica ai pazienti attraverso la ricerca. Davide Schiffer, Professore Emerito di Neurologia dell'Università di Torino, è uno dei maggiori neurologi contemporanei. La sua particolare competenza nell'ambito dei tumori cerebrali, racchiusa in una serie di pubblicazioni sulle più importanti riviste scientifiche internazionali e in un libro critico[3], ha com-

---

[1] Autore della presente prefazione è Giovanni A. Fava, professore ordinario all'Università di Bologna e alla State University of New York. Dirige inoltre la prestigiosa rivista internazionale *Psychotherapy and Psychosomatics*.
[2] Engel GL. How much longer must medicine science be bound by a seventeenth century world view?, *Psychotherapy and Psychosomatics* 1992; 57: 3-16.
[3] Schiffer D. *Brain tumor pathology: current diagnostic hotspots and pitfalls*, Springer, Berlino, 2006; Schiffer D. *Brain tumors. Biology, Pathology, and Clinical References*, Springer, Berlino, 1997.

portato la stima e il riconoscimento della comunità scientifica mondiale. Al tempo stesso Davide Schiffer ha coltivato l'introspezione come parte integrante della sua attività. Ha descritto le sue vicende personali e le implicazioni che queste hanno avuto nello sviluppo professionale in tre libri affascinanti. Nel primo, *Non c'è ritorno a casa…*, descrive le persecuzioni razziali, con l'arresto improvviso del padre, la sua partecipazione a sedici anni alla Resistenza sulle colline del cuneese, il suo ritorno agli studi dopo la guerra, che lo porterà proprio in Germania, dove il padre era morto in campo di concentramento[4]. In *Diario di uno scienziato* Schiffer racconta il suo percorso umano, scientifico e culturale nella Torino e nell'Italia del dopoguerra. Manifesta la sua distanza e disagio rispetto agli intrighi che caratterizzano la vita universitaria italiana e al tempo stesso la sua determinazione nel dare il suo contributo qui e non altrove[5]. E in *Io sono la mia memoria*[6] ricostruisce eventi ed emozioni della sua vita che s'intersecano e forniscono le matrici e il senso della sua esperienza. La forma più sottile e profonda di censura, ci ricorda Chomsky[7], è proprio la soppressione della memoria, delle tragedie, scontri e dibattiti che sono alla base della nostra storia, e la memoria, soprattutto quella collettiva, diventa allora il bene più prezioso da conservare. Per Schiffer, come per altri grandi clinici e ricercatori, la conoscenza medica è l'esperienza cumulativa della storia umana, un patrimonio sociale da condividere e trasmettere a chi si appresta a percorrerne la strada.

Quello che Schiffer realizza con questo libro è semplicemente eccezionale. L'illustrazione del riconoscimento microscopico diventa la metafora del processo clinico nelle sue varie componenti. L'apparente somiglianza di quadri microscopici rimanda alla differenziazione di situazioni cliniche di pazienti che sembrereb-

---

4 Schiffer D. *Non c'è ritorno a casa…*, Società Editrice Internazionale, Torino, 2008.
5 Schiffer D. *Diario di uno scienziato (1950-2000)*, Edizioni del Capricorno, Torino, 2005.
6 Schiffer D. *Io sono la mia memoria*, Centro Scientifico Editore, Torino, 2008.
7 Chomsky N. The cold war and the university; in: Chomsky N, Katznelson I, Lewontin RC, Montgomery D, Nader L, Ohmann R, Siever R, Wallerstein I, Zinn H. *The cold war and the university*, New Press, New York, 1997, pp. 171-194.

bero simili solo perché condividono la stessa diagnosi. Il campo microscopico in cui il riconoscimento stenta a prendere corpo fa pensare al medico (sia di medicina generale che specialistica) che vede in un paziente qualcosa che lo preoccupa, che non lo convince. È un'arte o un processo conoscitivo raffinato di cui il medico è solo parzialmente consapevole? Schiffer illustra il processo clinico al microscopio, ma le sue considerazioni valgono per qualunque ambito clinico, inclusa la più complessa forma di valutazione, quella dello stato mentale[8]. Al microscopio non dobbiamo semplicemente osservare i particolari che compongono quella particolare immagine, ma entrare in quel mondo, capirne i rapporti, ciò che lo regola. E non bisogna staccarsi dall'obiettivo fino a quando non è chiara la percezione di quel mondo. È la stessa cosa con un'immagine radiografica o con un quadro sintomatologico complesso. Ai dettagli dell'immagine microscopica basta sostituire quello che il paziente riporta e che il dialogo con il medico svela, i *patterns* sintomatologici, la tempistica dei fenomeni, il grado di progressione dei disturbi, la congruità o meno degli elementi anamnestici, dell'esame obiettivo, dei dati laboratoristici. Tutte le distinzioni cliniche che demarcano sostanziali differenze prognostiche e terapeutiche in pazienti che sembrerebbero ingannevolmente uguali. Entrare in un mondo significa perdere i confini con il proprio. Non esiste alternativa. Come un individuo vive la malattia, che cosa significa per lui e come questo significato influenza i suoi rapporti con gli altri costituiscono parte integrante della malattia intesa come risposta umana globale. Solo annullando il confine tra il suo mondo esperienziale e quello tecnico, il medico può allora combattere la malattia. Ma una volta entrati in quel mondo, ci avverte Schiffer, inizia la parte più difficile: uscirne. Comunicare quello che si è visto e capito, le reazioni interne che ha suscitato. Allora la tassonomia, che per lui inizia con il suo interesse per la botanica, può aiutare, come pure la clinimetria, la scienza delle misurazioni cliniche[9]. Ma non bastano.

---

[8] Fava GA, Rafanelli C, Tomba E. The clinical process in psychiatry. A clinimetric approach, *Journal of Clinical Psychiatry* (in corso di stampa).
[9] Fava GA, Pesarin F, Sonino N (a cura di). *Clinimetria*, Patron, Bologna, 1995; Feinstein AR. Clinical judgment revisited: the distraction of quantitative models, *Annals of Internal Medicine* 1994; 120: 799-805.

Più volte nel testo Schiffer richiama i pericoli di una visione distaccata e oggettivizzante del processo morboso, che non tiene conto dell'esperienza di chi osserva. Engel sottolinea come la medicina si muova oggi ancora con paradigmi tipici della scienza del XVII secolo che vedeva gli scienziati come osservatori indipendenti della natura, per nulla coinvolti dall'atto di osservare. Questo è in aperta contraddizione con gli orientamenti del pensiero scientifico del XX secolo (per es. Einstein, Heisenberg), che chiariscono come quello che osserviamo non è la natura ma la sua interazione con noi stessi. La scienza descrive la natura in rapporto alle domande che ci poniamo. Per diventare realmente scientifica la medicina deve, come la concezione moderna della fisica, incorporare la dimensione umana[10]. In realtà questa prospettiva della fisica è ben conosciuta dai clinici, che sanno che le risposte che ottengono dai pazienti dipendono dalle domande che a essi vengono poste e dalle modalità con cui vengono poste. Purtroppo la ricerca in medicina si è progressivamente allontanata dal processo clinico, dominata da ricercatori che non hanno familiarità con la pratica clinica (che spesso addirittura temono), alla ricerca di modelli quantitativi che sono derivati dalle scienze di base[11] e che offrono una rassicurante distanza dagli oggetti delle loro paure.

Il libro si proietta nel futuro. Davide Schiffer lo fa sempre nella sua vita: non a caso negli ultimi anni la sua ricerca si orienta sui modelli più avanzati della biologia dei tumori cerebrali, con uno sforzo d'innovazione concettuale e tecnologica che ben pochi clinici sanno affrontare. Lo fa anche in questo libro che sembra che parli del passato e invece fornisce i percorsi intellettuali e professionali che un rinnovato interesse per la ricerca clinica può comportare. È quindi particolarmente prezioso per le nuove generazioni di medici, per cui esistono ben poche opportunità di apprendimento del ragionamento clinico.

---

[10] Engel GL. How much longer must medicine science be bound by a seventeenth century world view?, *Psychotherapy and Psychosomatics* 1992; 57: 3-16.

[11] Feinstein AR. Clinical judgment revisited: the distraction of quantitative models, *Annals of Internal Medicine* 1994; 120: 799-805.

È un libro rivoluzionario nella sua radicalità e rigore, ben lontano dalle affermazioni prese a prestito dal marketing di molta ricerca attuale. È un libro unico, che ci restituisce l'orgoglio di una scelta umanistica che è alla base del nostro essere medici e dei nostri sforzi di applicare il metodo scientifico al rapporto con i nostri pazienti.

Giovanni A. Fava

°○○ **Indice**

 # Introduzione

Fin dai primi anni di università il microscopio ha esercitato un fascino su di me, perché consentiva di vedere "dentro" gli oggetti del mondo esterno. Il vecchio strumento Koristka, giallo con parti in nero, quando visto giacere inclinato sul tavolo, accanto a fogli bianchi e alla matita, dava l'impressione di rappresentare la possibilità, quella di esplorare. La possibilità di superare le forme del mondo esterno per arrivare alla loro sostanza vera. Ma quello che più mi colpiva era che quello strumento, pur potentissimo nella sua semplicità, era del tutto inutile senza un occhio che ci guardasse dentro e in fondo senza una mente dietro. L'esplorazione era fatta dalla mente. In sintesi questa fu allora, nei primi mesi dall'iscrizione alla facoltà di Medicina, l'impostazione del mio approccio al microscopio e al suo mondo, ma tale è rimasta nel corso di lunghissimi anni.

Sono passati più di cinquant'anni da quando per la prima volta scoprii in prima persona, perché teoricamente lo sapevo già, che gli esseri viventi erano fatti di cellule e queste di organelli e questi di entità ancora più piccole, etc. Si può dire che non sia passato giorno da allora senza che non abbia usato lo strumento per imparare, per lavorare, per operare nel mondo con tutte le conseguenze, di tutti i tipi, che ciò poteva comportare. Se poi aggiungo che l'oggetto principale delle mie osservazioni è stato il sistema nervoso con le sue patologie, dico anche che tutto il mio essere, le mie prestazioni, il mio interesse hanno ruotato sul cardine del binomio corpo/mente, cervello/mente, razionalismo/empirismo e del significato di tutto l'esistente e non-esistente con la girandola di pensieri, emozioni e sentimenti che ogni uomo ha nella sua vita.

Ho voluto raccontare, al termine di una vita in cui il microscopio è stato fondamentale, quello che ho pensato di lui, delle possibilità che può dare e di che cosa succede nella mente di chi lo usa, comprese le sue modificazioni, prodotte proprio dalle acquisizioni cui lo strumento e naturalmente i suoi correlati hanno grandemente contribuito. Che cosa consente lo studio al microscopio, come da solo non serva a niente ma debba essere integrato a una passione per il sapere, come esso veicoli alla mente informazioni dal mondo esterno, come se fosse un'anteprima dell'occhio, che però sono tali in quanto la mente ha stabilito che lo fossero (mente che per contro è tale perché esiste un mondo esterno). La mente incarnata da una parte e il linguaggio dall'altra con sullo sfondo una soggettività che non abbiamo ancora stabilito che cosa sia, sin da Aristotele, e che (forse) non stabiliremo mai. Il mondo interiore dell'osservatore con le sue proiezioni sugli oggetti del campo microscopico e le sue variazioni, sollecitate dalle informazioni in arrivo, rendono di una complessità indicibile il suo rapporto con il mondo microscopico, che farei meglio a identificare con il mondo esterno. Il microscopio è comunque l'occasione di riflessioni sul problema che ho cercato di presentare in modo non coordinato. Se lo potessi fare con coordinazione avrei risolto il problema dell'uomo e dei suoi rapporti con l'universo.

Qualche volta sono stato oscuro nel raccontare, perché ho dovuto utilizzare il materiale in cui sono competente, mentre allo stesso tempo non ho potuto esplicitare tutto in modo chiaramente incomprensibile, come in un trattato. Il lettore capirà.

∘○◯ **La botanica sistematica**

È fra i miei ricordi più vivi quella luminosa e triste estate che seguì all'esame di maturità e precedette la mia iscrizione alla facoltà di Medicina. L'esame ci aveva tenuti inchiodati sui libri e in affanno per tutto il mese di luglio, e adesso agosto rappresentava la libertà e ci concedeva momenti di dolce far niente. Di colpo, sollevato dallo studio massacrante in preparazione dell'esame, mi ritrovavo talora disteso al bordo di un campo di stoppie, con le dita intrecciate dietro la nuca, a osservare i fiordalisi cilestrini che ondeggiavano al vento, mentre il mio pensiero correva indietro a tutto quello che avevo studiato al liceo, ai compagni di scuola, agli addii dell'ultimo giorno e al godere collettivo dei primi sprazzi di piena gioventù. Erano momenti di abbandono dopo la grande fatica e il piacevole tepore del meriggio estivo sulle stoppie di grano, cosparse qua e là di ombrosi gelsi, dava il senso del riposo del guerriero. Nella mia mente non riuscirò mai più a dissociare questi stati di beatitudine dalla dolcezza di *Sogno di una notte di mezz'estate* di Mendelsshon che affiorava nella mente. Si riaffacciavano alla mia memoria i versi di Virgilio, appena lasciati:

> *Tityre tu patulae recubans sub tegmine fagi*
> *silvestrem tenui Musam meditaris avena;*
> *nos patriae fines et dulcia linquimus arva:*
> *nos patriam fugimus; tu, Tityre, lentus in umbra*
> *formosam resonare doces Amaryllida silvas.*

Qualche farfalla svolazzava qua e là a zig zag sullo sfondo del cielo azzurro senza interrompere il silenzio della campagna assolata.

L'esame di maturità veniva ripristinato per la prima volta dopo la guerra e per me chiudeva anche un travagliato e triste periodo della mia esistenza: le leggi razziali, la guerra, il vagabondaggio forzato della mia famiglia, incalzata dagli sgherri fascisti, la paura e la miseria di quegli anni e infine l'arresto di mio padre e la sua morte ad Auschwitz. Noi figli eravamo riusciti a fuggire ed eravamo entrati nella Resistenza, lui invece fu preso.

Avevo ottenuto, e anche brillantemente, la maturità classica nonostante avessi interrotto per un anno gli studi per fare il partigiano e nonostante la vita di stenti che avevo dovuto condurre. L'ultimo anno di liceo, subito dopo la guerra, era stato comunque indimenticabile per le emozioni che la ripresa dello studio dei classici, dopo la forzata pausa di guerra, aveva suscitato in me, e per l'erompere dell'ardore dei diciotto anni che riusciva ad aprire momenti di gioia in quel clima di cupa tristezza per il doloroso recente passato. Il rilassamento dopo l'esame mi sembrava la meritata sosta in una battaglia in cui il baldanzoso e spensierato approccio al mondo che l'età comportava era frenato solo dalla pregressa terribile esperienza e dal presagio di difficoltà future, vista la condizione d'indigenza in cui si trovava allora la mia famiglia. Ero consapevole infatti che si trattava soltanto di una breve tregua alle preoccupazioni, perché potevo prevedere i gravi ostacoli che avrei incontrato nell'iscrizione all'università, destinati a ingigantirsi con l'avvicinarsi dell'autunno.

Il mio ricordo oggi di quel periodo è dolce e amaro nello stesso tempo, e quello che ancora mi emoziona quando lo rievoco sono i sentimenti con cui avevo l'impressione di affrontare il mondo, oscillanti fra la gioia derivante dallo studio della classicità greco-latina e la disillusione e il pessimismo per le lacerazioni cui il mio animo era andato incontro negli anni bui appena trascorsi. Capivo anche che la mia esperienza passata e la mia formazione in corso filtravano attraverso gli studi che andavo facendo e le letture cui mi ero dedicato, quasi con rabbia, per cercare di capire l'antisemitismo che aveva dominato la scena europea negli ultimi anni e l'immane massacro operato dai nazisti. Non sapendo dove andare a cercarne le motivazioni, convinto che la causa prima non stesse nella sola storia degli ebrei, ma soprattutto in quella degli altri, leggevo di tutto. Avessi potuto avrei letto tutto. Il mondo, gli uomini, la loro storia e i loro pensieri entravano in me filtrati dagli studi liceali e dalla triste esperienza cui ero andato incontro negli anni precedenti la maturità.

Finito l'esame, nei momenti di rilassamento, mi capitava sempre più spesso di fermarmi a contemplare la natura, da cui ero sempre stato affascinato, ma adesso negli spazi di tempo che le dedicavo mi rendevo consapevole che fra me e i fiumi, i boschi, i campi c'erano i lirici greci, Virgilio, Orazio, mentre la vita degli uomini mi penetrava attraverso Seneca, Montesquieu, Maupassant, Hegel e Marx, oltre che attraverso la recente esperienza resistenziale. L'esistenzialismo di Schopenhauer, Nietzsche e Kierkegaard mi era entrato nelle ossa e si confaceva alle malinconie tipiche dell'età, trovando per di più ricco pascolo nelle opere degli impressionisti, nella musica di Debussy e di Chopin e nelle poesie di Rilke e di Paul Valéry.

"Giovinezza" potrebbe oggi essere il termine riassuntivo di quel periodo dolce amaro e dalla mutevolezza degli stati d'animo. Quello che però non riesco a capire bene nemmeno oggi è la passione che mi era sorta, proprio in quel periodo, per la botanica sistematica. Forse era un'eredità paterna, forse una pulsione istintiva o una semplice curiosità originata chissà da che. L'interesse per le piante e i fiori non era o non era solo dovuto alla loro bellezza e non si esauriva nella loro contemplazione estetica, ma nasceva proprio dalla loro esistenza in quanto esseri viventi di questo mondo variopinto. Forse la passione traeva origine in Lucrezio e Virgilio oppure era stata favorita dal forte coinvolgimento emotivo che avevo avuto nel recepire l'atmosfera magica e misteriosa trasmessami dalle letture che avevo fatto sull'anno mille e sul mondo oscuro del Medioevo. Ero stato letteralmente affascinato dal clima che suscitavano le opere sulla Scuola Medica Salernitana, durata alcuni secoli. Le storie di Teodenanda, di Trotula e Matteo Plateario e la sua *Botanica Medicinalis*. Mi aveva incuriosito il suo interesse per il mondo vegetale, suscitato indubbiamente dall'esercizio della medicina con piante medicinali, e il suo *Circa Instans* che non era altro che l'inizio del prologo dell'erbario con cui erano state descritte cinquecento piante: "Circa instans negocium in simplicibus nostrum versatur propositum". Quanta gente nel corso dei secoli si era dedicata agli erbari che rappresentavano una specie di compendio di quanto si conosceva sul mondo vegetale nel corso del tempo. In parte ciò era legato all'uso terapeutico delle piante medicinali, ma almeno in parte era frutto di pura speculazione. Nell'epoca medievale si era alla ricerca di significati simbolici di piante, animali, pietre da cui erano nati i "bestiari", gli "erbari" e i "lapidari". I primi erano opere didattico-morali che stavano fra le favole e le enciclopedie; i secondi classificavano le piante secondo criteri magici, sempre con intenti curativi, così come i lapidari. Teofrasto, Dioscoride, Paracelso erano i nomi ricorrenti. L'influenza dei vegetali sull'uomo, mediata dalla religione, dall'antichità grecolatina, dal pensiero magico era l'interesse primario, e le bellissime illustrazioni che decoravano gli antichi tomi erano testimonianze delle varie credenze e convinzioni. Lo sfogliare le pagine misteriose in cui i vegetali venivano descritti, ne era ricercata l'origine geografica e studiate le proprietà terapeutiche o magiche era affascinante e induceva a evocazioni di sogno: il calmo affaccendarsi di vecchi sapienti, vestiti di palandrane multicolori, che si aggirano fra storte e alambicchi, descrivendo minuziosamente foglie e fiori bellissimi in chiostri di pietra cruda con le pareti ricoperte di polverosi e antichi testi, che lasciavano spazio a vetrate istoriate con affascinanti colori celestiali. Quando ripenso a quei tempi affiorano nella mia mente ricordi di boschi bellissimi e silenziosi fatti di alberi altissimi e con chiome di foglie fitte e tremolanti che lasciavano in ombra un sottobosco ricco di vita. Pianticelle, nuovi virgulti, funghi e fiori di grande varietà sparsi ovunque e piccole riviere borbottanti che si avviavano al più vicino fiume. Ricordo le magnifiche felci, specie attorno ai fontanili. E poi la verde pianura, i campi squadrati e segnati dalle file di gelsi o di cipressi-pioppi che delimitavano i passaggi e le strade di accesso alle cascine.

Ero estasiato di fronte a tanta bellezza, ma forse ero anche spinto ad affrontare la conoscenza di quel mondo in modo più sistematico. Più passava il tempo e più il mondo vegetale mi appariva interessante, soprattutto perché mi rendevo consapevole che, leggendone, non meno di quello animale, questo mondo era composto di uno spettro di esseri viventi che andavano dalle enormi sequoie giganti alle piante microscopiche, ai muschi e ai licheni, così come il regno animale spaziava dall'elefante al protozoo. Alle volte mi divertivo a osservare molto da vicino, ai limiti consentiti dal mio sistema visivo, tutte le forme di vita che riuscivo a distinguere in un palmo di vegetazione: ve ne era un'infinità e mi sarebbe piaciuto poterle denominare, come se la tassonomia potesse risolvere il mistero per me della loro varietà, moltitudine e origine. Avevo un compagno di liceo, di qualche anno più vecchio di me, che studiava medicina, ma aveva un'enorme cultura di botanica dovuta alla sua grande passione per questa disciplina. Andavamo a camminare nei boschi lungo il fiume e di tanto in tanto si chinava, raccoglieva una foglia o una pianticella e portandosela con due dita della mano davanti agli occhi, come per poterla osservare meglio o vederla in trasparenza, ne pronunciava i due nomi latini. Rimanevo sbalordito. Si chiamava Roberto, ma al liceo lo chiamavano Von Papen, perché sembrava pedante e pedissequo come era stato il ministro degli esteri del Terzo Reich di non lontana memoria; in realtà era simpatico e divertente. Al collegio universitario invece lo chiamavamo Papengus, perché camminava come una papera con il capo leggermente rovesciato indietro e gli occhi socchiusi da miope. La storia dei due nomi latini, scritti in corsivo, la conoscevo dalle mie letture di biologia dei secoli XVII e XVIII. Una volta chiesi a Papengus se sapeva come si era giunti a una tale classificazione: "Ma questa è la classificazione di Linneo" aveva risposto corrugando la fronte e alzando le spalle in segno di ovvietà.

Sapevo che Linneo era stato il fondatore della moderna botanica sistematica e che la sua base filosofica s'ispirava ad Aristotele e al concetto che ogni specie corrispondesse a una forma originaria creata in principio: "Species tot numeramus quot a principio creavit infinitum ens". Linneo era vissuto nel XVIII secolo e la sua concezione doveva confrontarsi oggi con le nuove conquiste della biologia, soprattutto non poteva non essere rivista alla luce delle nuove idee di Lamarck e specialmente di Darwin. Mi ero precipitato alla biblioteca civica a leggere quanto potevo trovare su Linneo. In quel periodo non vi era stata ancora l'esplosione del neo-darwinismo come oggi, ma già allora l'interpretazione di Linneo non sembrava accettabile senza discussione.

Eppure la doppia denominazione latina delle piante adottata da lui si era conservata nella moderna tassonomia. Il primo epiteto era generico e indicava il genere e il secondo era specifico e indicava la specie, come per esempio in *Buxus sempervirens,* il bosso, quell'alberello che spesso si trova nei cimiteri (Fig. 1).

Fig. 1 *Buxus sempervirens*

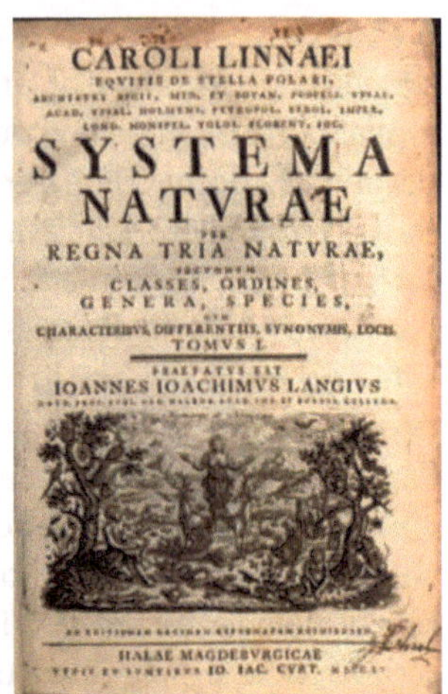

Fig. 2 *Carl Linnaeus*   **Fig. 3** *Il libro di Linnaeus*

La storia di Linneo (Fig. 2) era interessante, a partire dal suo nome. In realtà come figlio di contadini non aveva un cognome, come usava in Svezia nel XVIII secolo. Si chiamava Carl e suo padre si chiamava Lins. Quando andò all'università, fu obbligato a scegliersi un cognome che fu *Linnaeus*, da *linn* che in svedese significa "tiglio". Questa notizia indusse subito in me una grande simpatia per lui, perché amavo i tigli per l'intenso profumo, sensuale e dolciastro, che emanano nella tarda primavera suscitando languide fantasticherie. Linneo aveva fatto un lungo viaggio d'istruzione in Lapponia, armato di una lente e di un piccolo cannocchiale e, cosa per me sorprendente, aveva classificato tredicimila piante.

Ero rimasto impressionato dalla copertina del suo libro *Sistema Naturae, per regna tria naturae, secundum classes, ordines, genera, species, cum characteribus differentiis, synonymis, locis,* edito nel 1760 (Fig. 3). Vi figurava al centro una donna con le braccia semi-aperte, che voleva essere bella e buona, verosimilmente la natura, circondata da animali di ogni specie e alberi, in una staticità che significava calma e ordine. Ma più ancora ero rimasto colpito da quanto Linneo aveva scritto: "Nomina si nescis, perit et cognitio rerum"[1], che si richiamava

---

[1] Se non conosci i nomi, viene a mancare anche la conoscenza delle cose.

al medievale nominalismo di Ockham e alla disputa sugli universali. Mi tornavano in mente la filosofia che avevo studiato al liceo e le elucubrazioni sul pensiero di Guglielmo d'Ockham, di Abelardo, di Duns Scoto, etc., con le sottili distinzioni che non riuscivo nemmeno bene a cogliere. Se per Guglielmo gli universali, in quanto termini comuni, non esistono – e a questo proposito ricordo che Roscellino li aveva definiti *flatus vocis* –, esistevano invece gli esseri singoli nella loro singolarità, per Abelardo invece gli universali esistono in quanto concetti della mente e solo gli enti individuali hanno esistenza reale. La posizione conciliatoria di Duns Scoto fra il realismo e il nominalismo era che gli universali non fossero né un'entità autonoma né un puro discorso della mente, ma un qualcosa che da un lato s'individualizza nei singoli esseri e dall'altro diventa concetto. Tutto ciò preludeva all'empirismo di Hume. Dunque, la conoscenza delle cose, non le cose, o forse era la stessa cosa? Non dimenticherò questo problema che si riproporrà per me più volte con il passare del tempo, a mano a mano che approfondirò la biologia degli esseri viventi, e di questo riparlerò più avanti. Ricordo qui la famosa frase con cui Umberto Eco chiuderà *Il nome della rosa*, "stat rosa pristina nomine, nomina nuda tenemus", perché fortemente pertinente. Significa che al termine dell'esistenza della rosa particolare non resta che l'universale, contrariamente al pensiero di Guglielmo, oppure che l'universale della rosa esiste solo di nome?

Con Papengus durante le molte escursioni nei boschi e nei prati ci divertivamo a denominare le piante che incontravamo, anche quelle banali dei campi, e avevamo come sussidiario un vecchio libro dell'UTET sui vegetali, una specie di enciclopedia. Il trifoglio, quello che mangiano le mucche – e i contadini allora ricordo che ne alternavano la coltura con quella del grano –, era il *Trifolium pratense* (Fig. 4); l'erba medica era il *Medi-*

Fig. 4 *Trifolium pratense*

Fig. 5 *Papaver rhoeas*

cago sativa; il papavero dei prati era il *Papaver rhoeas* (Fig. 5). Di grande interesse per lui, che era già avanti negli studi di medicina, erano la *Digitalis purpurea* e *lanata* (Figg. 6 e 7), lo *Strophantus Kombè Oliver* per il loro impiego come farmaci per il cuore e molte altre piante medicinali. I fiori venivano in seconda linea e i nostri prediletti erano i *Myosotis* (Fig. 8C) di cui non sapeva dire la specie, perché in Italia ve ne erano parecchie. Ricordava però la leggenda austriaca che pare abbia dato il nome comune a questi fiori: "non ti scordar di me". Un giovanotto, che in riva a un fiume si stava scambiando questi fiori e altre amenità con l'amata,

Fig. 6 *Digitalis lanata*

Fig. 7 *Digitalis purpurea*

cadde e precipitò nell'acqua vorticosa. Prima di morire gridò alla fanciulla: "Vergiß mich nicht"[2]. Dalle nostre parti sono più conosciuti come "gli occhi della Madonna". Anche di verbene (genere *Verbena*) vi erano parecchie specie; Papengus ne ricordava qualcuna. Mi sembravano fiori con forte potere evocativo. Ricordavo di averle viste spesso nei cortili coperti di fine ghiaia dei vecchi palazzotti signorili sparsi nella campagna, dove bordavano aiuole con al centro una pianta alta o una fontanella. Erano fiori che rappresentavano mestizia e inducevano a rimpianti; ricordavano passate intimità familiari e, chissà perché, evocavano la poesia di Guido Gozzano[3] *L'amica di nonna speranza* con le "buone cose di pessimo gusto". Indubbiamente crepuscolari. Anche di *Hibiscus* vi erano

Fig. 8 A *Taraxacum officinalis e* **B** *il suo soffione;* **C** *Myosotis;* **D** *Hibiscus syriacus*

---

[2] Non ti scordar di me.
[3] Gozzano G. *I colloqui e altre poesie*, Garzanti, Milano, 1954.

Fig. 9 A *quercia;* **B** *pioppi*

molte specie, ma quella che si vedeva più spesso formare cespugli era quella *syriacus*, di colore tendente al blu-violetto (Fig. 8D). L'ibisco è un fiore fugace che rappresenta la caducità delle cose belle e splendenti. Guardandolo non ci si sottraeva alla frase del Petrarca "Cosa bella e mortal passa e non dura". Un fiore poi suscitava particolare interesse e si trovava comunemente nei prati e aveva diverse denominazioni: cicoria selvatica, dente di leone, soffione, piscialletto (Fig. 8 A e B). Aveva un bel colore giallo-arancione e produceva una fruttescenza fatta come una bolla di piumini bianchi che si disperdevano nell'aria soffiandoci sopra. Il nome vero era *Taraxacum officinalis* ed era una pianta medicinale. Da bambini ci divertivamo a osservare i peli bianchi svolazzare nell'aria dopo la soffiata e lo chiamavamo anche "le ore", perché ci era stato detto che i peli andavano via veloci come le ore.

Passavo lunghe ore nei boschi che accompagnavano il fiume per un lungo tratto, dove gli alti alberi intrecciavano in alto il loro fogliame e in basso più erano grossi e più si creavano uno spazio libero da altre piante attorno sul terreno. Mi divertivo a riconoscerli uno per uno: il faggio, la quercia, il frassino, l'acacia, il noce, la betulla, il pioppo, l'abete (Figg. 9 e 10). Ognuno con la sua individualità, le foglie di forma diversa e alla base funghi di tipo diverso e una diversa rimembranza nella storia. Li nominavo e mi sembrava così di conoscerli meglio. Di molti conoscevo la storia e le leggende che di solito risalivano alla notte dei tempi, ai miti greci, romani, celti o cinesi. Il bosco poi era protettivo e offriva mille spunti per riandare col pensiero alla letteratura greco-latina, medievale e nordica, agli gnomi, agli elfi, alle driadi e ninfe. Era il mondo fantastico degli studi liceali e delle mie letture preferite. Se

Fig. 10 A *abeti e larici;* **B** *robinia*

incontravo un fiore ci guardavo dentro e per semplice che fosse ci trovavo sul fondo del calice complicati disegni, rilievi e colori nelle più svariate combinazioni. Dopo i *Myosotis*, i fiori che amavo di più erano le violette e poi le margherite (Fig. 11 A e B). I miei rapporti con la natura vegetale finivano per segnare in quel periodo gran parte del mio approccio al mondo. Quell'estate vedevo spesso pas-

Fig. 11 A *violette;* **B** *margherite;* **C** *il sorriso di Rita*

sare in bicicletta davanti a casa mia una ragazza che faceva la commessa in una panetteria in un paesino lì vicino e si chiamava Rita. Pedalava senza tenere il manubrio con le mani, con la gonna svolazzante e il capo leggermente reclinato indietro per cogliere tutto il vento che la velocità consentiva; sorrideva e mostrava i suoi denti bianchi e regolari che a me parevano i petali delle margherite.

Pensavo spesso che la forza che spingeva l'uomo a classificare i vegetali era la stessa che lo spingeva a classificare tutto il reale. Essa rientrava cioè in quella spinta, esclusiva dell'uomo, a discriminare la realtà, che negli ultimi secoli si era improntata al rigore scientifico e all'obiettività; il regno vegetale era ovviamente incluso fra gli oggetti d'interesse. Del resto, la mia curiosità per i nomi dei vegetali e la mia pulsione a trovarne uno per ogni essere vegetale che incontravo erano una dimostrazione. Era stata l'influenza di Papengus a orientarmi o era una mia spinta istintiva che mi spingeva a trovare un nome per le piante e mi dava l'impressione di conoscere meglio quel pezzo di natura dopo che l'avevo denominato? Aveva dunque ragione Linneo quando diceva che i vegetali li conosci se ne conosci il nome? Oggi penso che poteva anche essere stata una compulsione psichica che m'induceva a trovare denominazioni; poteva essere stato proprio questo il motivo che aveva indotto in passato i "sistemisti" e "classificatori" delle cose naturali ad agire? Più verosimile pensare che fosse stata una pura curiosità, rientrante in quella spinta più vasta e profonda che induce l'uomo a discriminare la natura e che l'ha condotto dal magico e dal pre-scientifico fino allo scientifico. Per me, mentre facevo di queste considerazioni, la denominazione rappresentava l'unico mezzo che avevo a disposizione per approfondire la conoscenza dei vegetali. Sempre alla biblioteca civica avevo trovato trattati d'istologia vegetale e mi ero documentato. Due aspetti mi avevano impressionato. Uno era l'infinità di voci nella classificazione tassonomica che andavano dal "dominio" e dal "regno" fino alla "varietà" attraverso una lunga serie di suddivisioni. Il secondo era l'estrema complicatezza delle strutture vegetali con i tessuti e le cellule, il nucleo e il citoplasma con i suoi organelli e le membrane, che non potevano essere visti se non con il microscopio. Per non parlare della riproduzione, della biochimica, del metabolismo e di tante altre caratteristiche. Ma come aveva fatto Linneo a classificare tredicimila piante con il solo aiuto di una lente? Si era limitato a rilevare quei caratteri che poteva vedere con quel piccolo ingranditore e a utilizzare le conoscenze generali che poteva avere una persona con la sua cultura in quell'epoca. Certo, non aveva a disposizione le fini conoscenze microscopiche e chimiche dei giorni nostri, che sappiamo essere alla base della tassonomia vegetale. Ciononostante il suo sistema di classificazione è rimasto valido per noi. In realtà non è così. La tassonomia si è evoluta con il crescere delle conoscenze a tutti i livelli e la classificazione ha progressivamente tenuto conto del principio darwiniano di filogenesi e cioè dell'evoluzione dei gruppi tassonomici, detti *taxa*. Ogni *taxon* include una sezione dell'albero filogenetico, ma vi sono *taxa* para- e polifiletici. Quello che è rimasto di Linneo è la nomenclatura, di cui si sta elaborando ovviamente un nuovo codice.

In realtà, la questione più importante concernente la classificazione dei vegetali – e di questo mi renderò conto molto più avanti nel tempo – era costituita dai rapporti che si stabilivano fra il mondo vegetale e il mio vissuto da un lato e, dall'altro, dal significato della denominazione nei suoi risvolti semiotici. Mi ero infatti reso conto che nel rapporto che si stabiliva fra me e le piante giocavano un ruolo sia la casualità dell'incontro, sia le selezioni che operavo nel dirigere la mia attenzione, sulla base di motivazioni consce o inconsce provenienti dal mio vissuto, e sia le rievocazioni che le piante inducevano nella mia memoria implicita con le loro emozioni associate. Quelli che ho fatto prima a proposito della margherita, dei "non ti scordar di me", delle verbene, etc. non sono che degli esempi. Ma potrei citarne altri. Le violette con il loro profumo intenso e ineffabile mi richiamavano alla mente i mazzolini che in primavera le compagne di scuola mettevano in un vasetto sulla cattedra della professoressa di matematica, oppure quella donna vestita di nero con un gran cappello a falda larga e la veletta sugli occhi, che aspirava voluttuosamente il profumo da un mazzo di violette, che qualche anno prima era apparsa su certi manifesti murali. Oppure ancora si presentava la visione della bellissima collina saluzzese nella primavera del 1941, ricca di violette odorose che contrastavano con la tristezza dei tempi e con il cielo costantemente nuvoloso di quei mesi. A quel tempo non avevo alcuna nozione di neurologia e psicologia, ma riuscivo a captare nel crepuscolo della mia coscienza l'esistenza di uno stretto rapporto fra il mondo esterno e quello interiore, ben lontano dalla sua interpretazione in

Fig. 12 *Charles Darwin*

chiave di opposizione fra empirismo e razionalismo che caratterizzeranno in parte le mie future acquisizioni culturali.

Allora non mi ponevo il problema se le specie che si trovano in natura fossero state create una per una, come con tanta autorevolezza aveva affermato Linneo, o se fossero frutto di evoluzione come sosteneva Darwin (Fig. 12). Avevo letto Darwin[4], così come avevo letto l'opera principale di Lamarck[5], che avevo trovato presso la solita biblioteca civica. Darwin era convincente e soprattutto era affascinante la descrizione del viaggio che aveva fatto sul "Beagle" per conto di sua maestà britannica. In quel periodo non vedevo nell'antitesi fra i due altro che opinioni naturalistiche diverse, ma sempre riguardanti la semplice e pura osservazione della natura. Allora, nel mio mondo di fine liceo, tutti credevano in Darwin, come avevano creduto in Kant e Hegel, ma non c'era che un vago sospetto che tutto ciò potesse essere in contrasto con la concezione creazionistica, che allora manco esisteva, e non c'era alcuna discussione sul suo possibile contrasto con la spiegazione biblica del tutto. Hegel superava il kantismo con il suo ideale opposto al reale, con il concetto spinoziano dell'immanentismo di Dio con la natura e con quello triadico della dialettica: la tesi, l'antitesi e la sintesi. La nuova definizione di assoluto come unione e opposizione di finito e infinito sembrava risolutiva. Nessuno di noi aveva ancora letto Husserl e Heidegger. Nella nostra cerchia di freschi ex-liceali se un problema c'era era quello riguardante l'esistenza di Dio, la dannazione eterna, sant'Agostino. Discussioni interminabili che trovavano riscontro nell'opposizione feroce in tutte le piazze e sedi del nostro paese fra il comunismo e

---

4 Darwin Ch. *L'origine della specie*, Einaudi, Torino, 2009.
5 Lamarck JB. *La filosofia zoologica*, La Nuova Italia, Firenze, 1976.

l'anti-comunismo, anche se i comunisti su questi temi ci andavano piano. In molte discussioni mi ero accorto che la loro avversione alla Chiesa non coinvolgeva la questione dell'esistenza di Dio, tranne che per qualcuno decisamente ateo. Non vi era al nostro livello alcun problema e Darwin si poneva come l'ultima grande interpretazione della natura.

Non vi era ancora stata l'espansione del darwinismo e la sua estensione antropologica e filosofica, come avverrà quarant'anni dopo. E non c'era pertanto nessuna opposizione a questa, come si svilupperà più tardi con la difesa del creazionismo, specie a opera dei poteri religiosi, e non solo cristiani. Dall'ambiente che frequentavo e dai libri che leggevo non emergeva nessun contrasto fra la concezione darwiniana e altre concezioni, e stranamente le deduzioni che venivano tratte dall'evoluzionismo darwiniano, per esempio quella erronea che l'uomo derivasse dalla scimmia, non entravano in contrasto con il credo biblico che tutto fosse stato opera del Creatore. Ricordo l'insegnante di storia naturale al liceo, cattolica convinta e osservante, che ci spiegava Darwin con candida naturalezza ed entusiasmo, come se le ovvie deduzioni non avessero nulla a che vedere con la creazione. Anzi, sembrava affascinata dalle idee dell'inglese, lontana mille miglia dal dubbio che queste potessero investire il suo profondo credo religioso.

In questo contesto culturale, la frase di Linneo "Nomina si nescis, perit et cognitio rerum" continuava a ronzarmi per la testa per il suo significato oscuro, perché prescindeva dalla struttura che ancora non si conosceva. Come avevo visto nella mia frequentazione della biblioteca civica, questa era così complicata e così soggetta a nuove interpretazioni nel tempo che o la denominazione linneana finiva per dissociarsi dalla conoscenza oppure era così generale e potente da sopportare, continuando a essere efficace, l'inclusione nel sistema di un'infinità di altri oggetti forniti dal progresso scientifico, che a loro volta venivano riconosciuti con una denominazione che li significava. In fondo, tutta la questione diventava un *puzzle* e finiva per essere una questione filosofica che in quel momento includeva la nascente disciplina della semiotica. Pensavo di non avere sufficiente cultura per affrontare la questione e che questa potesse essere discussa solo più avanti nel tempo, professionalmente o comunque su una ben più vasta base culturale. A quell'età mi sentivo di dover ancora compiere l'adeguata preparazione per affrontare la vita e i suoi problemi, anche se contemporaneamente avevo l'impressione che il pensiero di rimandarne la soluzione a quando le forze culturali sarebbero state adeguate potesse essere un modo per scansarli.

Stavo per entrare all'università ed eravamo alla fine degli anni Quaranta. Ero un lettore formidabile, spinto a questo, come ho già detto, anche dal desiderio o meglio dalla necessità di capire i motivi della persecuzione razziale che avevano appena finito di dare il loro massimo contributo alla sofferenza dell'umanità. Non avevo soldi per comperare libri e leggevo quello che trovavo presso la biblioteca civica che era ben dotata, ma aggiornata all'inizio dell'ultimo conflitto. Il fulcro su cui aveva ruotato l'acquisizione di nuove opere erano le concezioni filosofiche e naturalistiche in auge tra la fine del XIX e le prime decadi del XX secolo. C'era stata una guerra che era durata cinque lunghi anni. Non riuscivo pertanto a compiere letture aggiornate in direzioni specifiche, ma devo anche dire che questo non era ciò che volevo. Leggevo di tutto per la mia decisione di affrontare il problema, di cui ho detto, sullo sterminio degli ebrei. Mi lasciavo anche guidare nella scelta dei libri dai suggerimenti dell'addetto del comune, mio amico e coetaneo, che conosceva la frequenza con cui venivano chiesti in prestito alla biblioteca i libri, specie di recente acquisizione.

Predilette comunque erano letture di antropologia, filosofia e scienze naturali, e un giorno il bibliotecario, che era al corrente dei motivi che mi spingevano a leggere con grande assiduità, mi suggerì il libro di Otto Weininger[6]. Si trattava di un libro fortemente propagandato prima e durante la guerra dal regime e appartenente alla letteratura biologica razzistica tedesca utilizzata dai nazisti, che tuttavia lo avevano poi ripudiato perché considerato eversivo, in cui si concludeva che i negri, le donne e gli ebrei fossero privi di anima. Faceva parte del positivismo biologico, oggi si direbbe deviato, ma rientrava comunque, anche se come un epigone da rifiutare, in quel mondo post-lombrosiano che in biologia sembrava ancora dominante e aveva improntato la cultura del XX secolo.

---

[6] Weininger O. *Sesso e carattere*, Bocca, Torino, 1922.

Fig. 13 *Cesare Lombroso*

Il positivismo biologico di Lombroso (Fig. 13) aveva lasciato una profonda traccia sulla concezione di un determinismo anatomico della psiche che durerà a lungo nella nostra cultura del secolo scorso. Si associerà ad altri determinismi, psichico, molecolare, genetico, fino alla rivalutazione dell'esperienza che troverà il suo cantore in Kandel[7]. I suoi studi sui criminali e le prostitute individuavano i corrispettivi anatomici dei tratti psichici e pur non avendo introdotto criteri di valore nelle differenze razziali, come faranno poi i nazisti, e pur avendo sempre manifestato sentimenti di pietà per i poveretti studiati, non si è scrollato di dosso del tutto l'accusa di essere razzista. In realtà non era razzista: credeva nell'esistenza delle razze umane e nell'ancoraggio anatomico dei tratti di carattere, come molti in quell'epoca positivistica. La differenza fra i razzisti e i non-razzisti nell'ambito del positivismo biologico sta nell'attribuire o meno un "valore" alle connotazioni razziali in modo da identificare i migliori, da favorire, e i peggiori da reprimere o eliminare. In fondo, adottando e trasferendo all'uomo i criteri dell'eugenetica animale di Gall e di Pearson in auge in Inghilterra, certi cosiddetti scienziati di Hitler avevano offerto al dittatore tedesco la base biologica della differenza fra le razze cui era stato attribuito un giudizio di valore che vedeva la razza nordica o germanica privilegiata e a rischio d'inquinamento da parte di quella ebraica, che pertanto doveva essere eliminata. Hitler aveva dato inizio ed esecuzione al suo programma di sterminio degli ebrei.

---

[7] Kandel E. *Alla Ricerca della memoria*, Codice, Torino, 2008.

L'attuale presa di posizione di certi gruppi meridionalisti contro Lombroso e il suo museo a Torino, probabilmente in funzione anti-subalpina a copertura di sentimenti legati al problema meridionale in Italia, non ha alcun senso. Tutta la cultura in quel lungo periodo aveva un'impronta positivistica in tutte le branche del sapere, compresa l'antropologia. Una figura di spicco era stata quella di Giuseppe Sergi[8], psicologo e antropologo universitario a Roma e a Bologna, che aveva anche scritto un libro sul darwinismo e insieme a Niceforo e Migliavacca formavano una schiera di ultra-positivisti. Soprattutto era stata per me di grande interesse la diatriba che si era instaurata fra italiani e tedeschi circa la natura tedesca o italiana della razza ariana. Questa sarebbe stata una razza superiore di eroi o semidei che avrebbero dovuto governare e dominare il mondo. Per i tedeschi i prototipi erano alti e biondi e quindi nordici o tedeschi, e per gli italiani erano invece bruni e quindi mediterranei. Le discussioni scientifiche, che già per quei tempi apparivano ai limiti dell'ilarità, si erano poi acute quando l'Italia aveva abbandonato la Triplice Alleanza con Austria e Germania per aderire alla Triplice Intesa con Francia e Inghilterra. Campione dell'italianità della razza ariana sarà più tardi quello strambo di Julius Evola che per i fascisti era manna dal cielo e persino troppo a destra. Infatti Evola tradurrà poi in italiano Weininger. In tutta questa cianfrusaglia culturale Darwin quasi passava inosservato e nelle scuole gli si faceva qualche cenno, senza nessuna preoccupazione che ciò fosse in contrasto con la creazione dell'universo, che tutti sembravano accettare come primo motore di tutto appunto il creato, e desse un'interpretazione diversa dell'origine della specie. L'attacco del creazionismo, che cinquant'anni dopo infiammerà la cultura nel mondo, non si sentiva ancora. Il darwinismo era discusso negli ambienti accademici, sostenuto e avversato con dotte disquisizioni. Fa fede un interessante libretto, datomi dal prof. Giacomo Giacobini, curatore del Museo Antropologico e Lombrosiano dell'Università di Torino, riguardante una lezione sul darwinismo tenuta nel 1864 a Torino dal Prof. Filippo De Filippi[9], strenuo sostenitore delle idee di Darwin e dei rapporti

---

8 Sergi G. *L'evoluzione umana individuale e sociale*, Bocca, Torino, 1904.
9 De Filippi F. *L'uomo e le scimmie*, Daelli e Comp., Milano, 1865.

di discendenza fra l'uomo e la scimmia, e la diatriba che era seguita con altri professori italiani. Molto interessante, documenta quale fosse in quel periodo la posizione di Darwin in ambito accademico. Era visto ancora e discusso come propugnatore dell'origine dell'uomo dalla scimmia.

Vivevo il mio vagabondaggio botanico praticamente ancora sotto regole lombrosiane, guidato da letture d'impronta positivistica e convinto, ma non del tutto, che la classificazione degli esseri viventi fosse una meta importante e soprattutto uno strumento di conoscenza nel senso linneano. In fondo conoscere le caratteristiche di una specie o di un genere, vegetale o animale che fosse, e scoprire le loro variazioni poteva consentire deduzioni sulla loro origine. Il situare gli esseri nella casella che logicamente spettava loro per definizione e dando loro un nome mi sembrava fosse importante a fini conoscitivi, ma non sufficiente. Non conoscevo ancora Wittgenstein, né i semiologi, ma la denominazione mi sembrava già una conquista.

La botanica sistematica rappresentò la mia modalità d'ingresso nella biologia, ma mi mise di fronte al problema di che cosa significasse dare un nome a un essere vivente, seppur solo un vegetale, visto che, una volta fatto, questo rappresentava esattamente quello che si conosceva già di quell'essere o che era quell'essere. Il riuscire a dare i due nomi latini a una pianticella dava l'impressione di conoscerla nei suoi rapporti con il resto del mondo, di possederla e soprattutto di collocarla, e di padroneggiare quel campo di biologia. In realtà denominare un essere significava riconoscerlo e farlo esistere, almeno per me. Il nome per la mia mente, per essere importante, doveva identificarsi con l'essenza dell'essere, perché non mi era dato un altro modo di conoscerla all'infuori della denominazione. Queste considerazioni costituivano un punto di partenza su cui prenderanno corpo ben altre riflessioni, quando dovrò affrontare i problemi della biologia animale, dell'uomo e delle sue malattie. Soprattutto la denominazione era basata sul rilievo di caratteristiche degli esseri vegetali e li collocava in un sistema tassonomico. Ma che cosa poteva essere successo e succederà con l'allargamento dell'ambito delle caratteristiche per l'introduzione del microscopio prima e della biologia molecolare e del microscopio elettronico dopo? Con l'invenzione del microscopio nel 1673 da Antony van Leeuwenhoek la struttura dei vegetali si arricchì nel corso dei secoli XVIII e XIX, ma la nomenclatura linneana resistette e sembra che stia resistendo al recente rapido progresso scientifico, a dimostrazione della genialità dell'autore. Rimane però incontrovertibile che l'uso del microscopio abbia consentito di vedere "dentro" gli esseri viventi e di costruire la moderna scienza biologica. Il microscopio doveva essere uno strumento chiave che avrebbe potuto operare l'identificazione fra osservazione e oggettività.

Con il declinare dell'estate, in famiglia avevamo ormai perso le ultime speranze di vedere mio padre tornare dalla prigionia. Sulla sorte dei deportati nei campi di sterminio se ne veniva a sapere sempre di più e l'orrore per la "soluzione finale" attuata dai nazisti prendeva corpo nella gente. Ogni tanto si spargeva la voce che qualcuno ancora era rientrato dai campi e mia madre correva a chiedergli informazioni. Fu tutto inutile come fu inutile chiedere notizie alle varie organizzazioni nazionali e internazionali. Come ho già detto, una testimonianza sulla morte di mio padre ci sarà data nell'inverno da un funzionario del tempio israelitico di Milano.

L'autunno si avvicinava a grandi passi e con esso il momento in cui si sarebbe chiarito se avessi potuto o no iscrivermi all'università. Avevo anche il problema della scelta della facoltà, ma oggettivamente quello più importante era l'accesso all'università. Non avevo la possibilità economica di pagare per l'iscrizione e tanto meno di poter vivere in una grande città per la frequenza. Non avevo i soldi e mi davo un gran da fare per trovare una soluzione, per esempio una borsa di studio, allora tutt'altro che facile, o poter accedere a qualche Collegio. In linea con la sacra ingenuità dei giovani, nonostante la possibilità di iscrivermi all'università fosse una *conditio sine qua non*, la questione che mi tormentava di più era paradossalmente la scelta della facoltà. Questa occupava interamente la mia mente e ne parlavo continuamente con gli ex-compagni di liceo, come se l'accesso all'università fosse già stato risolto. Lunghe discussioni, ripensamenti, considerazioni che non finivano mai. Nonostante il latino e il greco mi fossero piaciuti fino alla commozione, volevo dal futuro quelle certezze che la filosofia mi aveva promesso, ma non ancora dato, e pensavo che le avrei potute trovare soltanto nella matematica e nella fisica. Tutt'al più, se fossi dovuto scendere a compromesso con il guadagno, avrei anche potuto scegliere ingegneria. In questo modo però sarebbe rimasto tagliato fuori tutto il campo della speculazione mentale, proprio della filosofia, quella su cui avevo riposto la speranza di soluzione per i miei quesiti interiori. Il mio pensiero oscillava fra poli diversi, quando un bel giorno ebbi un'illuminazione. Ma perché non avevo considerato la biologia, vista la passione per la natura che mi stava divorando? In fondo significava lo studio della vita e la ricerca dei suoi significati, delle sue fonti e dei suoi misteri. Non era esatta come la matematica, pensavo allora, ma comprendeva scienze, come la chimica, che si avvicinavano alquanto. Se biologia doveva essere, allora perché non la Medicina, che praticamente era biologia applicata all'uomo e l'uomo aveva una mente, la stessa in fondo che aveva prodotto la filosofia? Occuparmi della natura dell'uomo significava anche poter rendermi utile al prossimo. A pensarci bene, la mia recente esperienza di botanica con Papengus mi spingeva in questa direzione, perché l'interesse per la tassonomia dei vegetali aveva trovato un occasionale riscontro nell'anatomia umana. Avevo dato un'occhiata al trattato di anatomia umana del Testut che Papengus mi aveva prestato e trovavo che in fondo la classificazione delle ossa e dei muscoli, anche con i loro nomi latini, basata sulla loro descrizione minuziosa, non era molto lontana dalla botanica di Linneo. Anche nell'anatomia umana la denominazione latina riassumeva l'aspetto e la funzione dei muscoli. Leggevo il ponderoso trattato in dodici volumi come se fosse stato un romanzo avvincente e sentivo il mio interesse crescere per questo "dominio" animale. Tre libri che avevo letto recentemente finirono per convincermi del tutto, anche dal punto di vista emotivo. Erano *La Storia di San Michele* di Axel Munthe, *La cittadella* di Joseph Cronin e *L'uomo questo sconosciuto* di Alexis Carrel. Fu Medicina.

Usando una delle similitudini, care ai poemi omerici, potevo dire che come le nubi si squarciano al primo raggio di sole dopo la tempesta, così il problema economico si dissolveva improvvisamente un giorno, quando ricevetti la notizia che avevo vinto una borsa di studio presso l'Università di Milano sulla base dei voti riportati alla maturità. Eureka! C'ero riuscito e non aspettai nemmeno l'esito di altri concorsi che avevo fatto; m'iscrissi a quella facoltà di Medicina.

°○○ **Al microscopio**

All'apertura dell'anno accademico mi trasferii in un convitto di Milano e cominciò per me un percorso appassionante che non avrei più abbandonato. Erano quelli i tempi tristi dell'immediato dopo-guerra e la vita bisognava tirarla con i denti. Ma a questo ero ormai abituato da qualche anno di stenti e patimenti vari. Solo il non sentire più sparare, bombardare, vedere uccidere, avere paura mi faceva apparire la città come calma e godereccia, nonostante l'acuzie delle questioni sociali e il tenore di vita bassissimo. Il freddo e la fame non m'impedirono, tuttavia, di accedere con ansia ed entusiasmo alla realtà della biologia; non quella studiata soltanto sui libri – e, amatissimi, si erano stipati nella mia mente quelli della biblioteca civica della mia città che tanta cultura avevano consentito di introitare – ma quella vissuta giorno per giorno e conquistata secondo un piano e un metodo d'insegnamento. Quello che mi attrasse di più fu proprio il corso di Istologia e divenni interno dell'Istituto. Era tenuto da una simpatica professoressa che aveva la passione dell'insegnamento. Ricordo, come se fosse ieri, la prima volta che ebbi accesso alla sala microscopica dell'Istituto. Vi erano su un enorme tavolo quattro o cinque microscopi e con cautela e rispetto mi sedetti al più vicino. Era giallo e nero. Il microscopio, quello che al liceo avevo idolatrato come il *passepartout* per penetrare in quel mondo di scienza dell'esistente che poi avrei scelto, era lì a mia disposizione e potevo usarlo. I microscopi in dotazione allora erano ancora monoculari, con lo specchietto alla base per indirizzare sul condensatore il fascio di luce, ma a noi principianti apparivano come mostri di tecnologia.

Ero emozionato e guardando quello che facevano gli altri, soprattutto uno studente del quinto anno, vecchio interno dell'Istituto, presi fra le dita della mano destra la vite micrometrica e con la sinistra il cursore che spostava il vetrino. Trovai la messa a fuoco, aggiustai la luce muovendo lo specchietto in tutte le direzioni fino a catturare il fascio di luce proveniente da una sorgente con la giusta angolazione, chiusi un occhio e mi si parò dinanzi una superficie luminosa rotonda contenente strane forme con colori bellissimi. Si trattava di tante cellette poligonali, rosee, ciascuna con un circolino colorato al centro, che bordavano una zona filamentosa blu con qualche simile circolino colorato (Fig. 14). Mentre guardavo affascinato un frammento vero di corpo umano racchiuso fra i due vetrini, quello porta– e quello copri–oggetto, e cercavo di capire che cosa veramente significassero i duecento ingrandimenti che corrispondevano al numero 10 dell'oculare e al numero 20 dell'obiettivo, la professoressa intanto spiegava che si trattava di una mucosa con le cellule epiteliali, il tessuto connettivo, i nuclei e i citoplasmi, etc. Ovviamente erano stati colorati per poterli vedere e quindi si trattava di un artefatto, che però corrispondeva alla realtà vera. La colorazione si basava su di un reagente colorato basico, che si legava ai gruppi acidi degli acidi nucleici del nucleo, e un reagente acido che si legava ai gruppi alcalini del citoplasma. La colorazione non era il solo artificio messo in atto per poter vedere un tessuto umano, ma era stata preceduta dalla fissazione

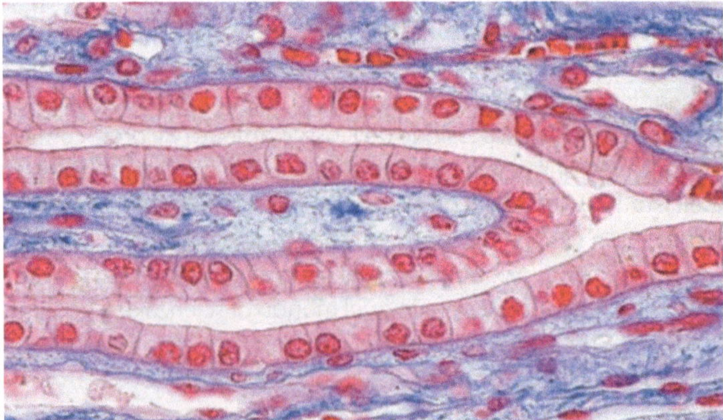

Fig. 14 *Mucosa esofagea*

del prelievo con liquidi adatti, seguita dalla disidratazione con alcoli e dall'inclusione in paraffina per poter ottenere sezioni spesse dieci micron, e il micron era la millesima parte del millimetro. Il microtomo serviva per tagliare le sezioni.

Poi si cambiò vetrino. Si trattava adesso di fegato (Fig. 15). Nel disco luminoso comparvero figure completamente diverse che lo occupavano interamente. L'aspetto era quello di un pavimento con le mattonelle rosee, ciascuna con il circolino viola che era il nucleo distinto dal citoplasma roseo. Di tanto in tanto comparivano circoletti vuoti delimitati da striscioline viola ed erano i vasi sanguigni, i capillari. Poi si cambiò ancora e per due ore esaminai vetrini sempre diversi.

Uscendo dall'Istituto pensai che dovevo prendere coscienza di essere entrato nel mondo della biologia, di aver varcato la soglia fra quello che stava nei libri e la realtà vera dell'essere vivente. Avevo visto dentro. Ma, fatte le proporzioni, mi domandavo quanti vetrini avrei dovuto vedere, e preparare, per esaurire il corpo umano. Tanti quanti erano gli organi, le loro varianti e i tessuti? E poi la storia delle colorazioni implicava che queste venissero scelte a seconda di che cosa si voleva vedere e avevano una base chimica, e da ciò arguii l'importanza di questa disciplina. Dovevo quindi seguire le lezioni di chimica e le esercitazioni con molta attenzione. In fondo se mi chiedevo di che cosa era fatto il nucleo rispondevo che conteneva l'acido desossiribonucleico, perché l'a-

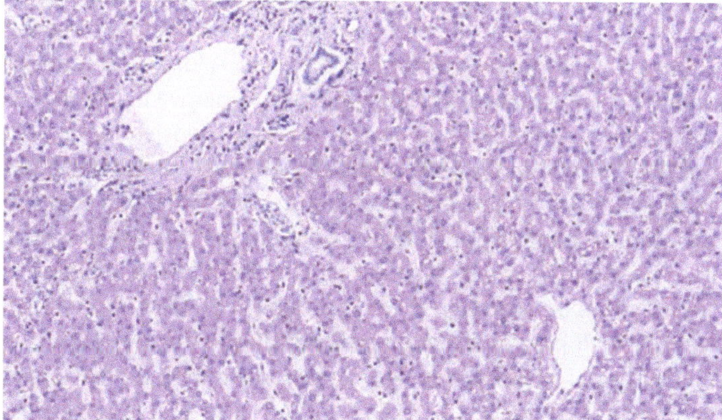

Fig. 15 *Fegato*

vevo studiato, ma se volevo vederlo dovevo scendere con gli ingrandimenti. Il microscopio arrivava fino a mille ingrandimenti, ma siccome non c'è un limite al piccolo, perché si arriva fino all'atomo e poi la materia diventa energia, allora bisogna usare il microscopio elettronico, di cui quasi nessuno allora disponeva. C'era la fisica dopo quel limite e quindi dovevo seguire bene anche la fisica. Che lungo cammino bisognava compiere e tutto ciò prima di arrivare alle malattie e all'uomo. Mi feci coraggio e alla sera con gli amici del convitto sull'onda dell'entusiasmo non riuscivo a portare il discorso lontano dalla mia straordinaria impresa del giorno.

Fu l'inizio di un lungo cammino davvero. Solo pensandoci molto attentamente mi rendo oggi conto delle varie tappe percorse praticamente in cinquant'anni e di come siano evolute le nostre conoscenze e come si sia accresciuto e progressivamente modificato il mio vissuto scientifico. Fui per due anni interno all'Istituto di Istologia, dove appresi le varie tecniche istologiche e spaziai su tutto lo spettro dei tessuti del corpo umano. Al terzo anno entrai come interno all'Istituto Tumori dove approfondii la patologia e i tumori. Poi cambiai università e mi trasferii nella città più vicina a casa mia, Torino. Al quinto anno entrai alla Clinica Neurologica dove mi dedicai alla neuropatologia con lo studio macroscopico e microscopico del sistema nervoso normale e patologico, e mi laureai.

Finalmente ero giunto allo studio delle cellule nervose, a quelle che guidano il corpo in ogni atto o pensiero. Mi rendevo anche conto che le radici del pensiero non si potevano raggiungere direttamente con lo studio al microscopio del loto substrato organico, come avevo immaginato alla fine del liceo. Allora la concezione dualista che informava gli studi medici considerava il sistema nervoso come facente parte del corpo umano e il pensiero parte della psiche, o se vogliamo dell'anima, che erano territorio della psichiatria. Fra l'uno e l'altra allora c'era un abisso e l'unico punto di congiunzione era la constatazione che un danno al tessuto nervoso poteva produrre un disturbo nel pensiero. Questo mi apparve subito come un argomento non risolvibile con le conoscenze e i mezzi attuali, ma da affrontare nel corso lungo del tempo.

Continuai a lavorare in Neuropatologia e un bel giorno ebbi l'opportunità di andare a studiare in Germania presso un famoso Istituto diretto da un altrettanto famoso scienziato: il professor

Vogt. Visto il mio interessamento per i suoi scritti scientifici, questi mi aveva invitato a lavorare nel suo Istituto. Avevo ormai appreso i rudimenti della disciplina e acquisito buona parte delle tecniche di laboratorio e mi aspettavo dal soggiorno tedesco un ampliamento delle mie conoscenze, sia di anatomia sia di patologia del sistema nervoso, l'acquisizione di tecniche particolari e soprattutto il venire a diretto contatto con le grandi idee che guidavano la neurologia e la neuropatologia in quello scorcio di secolo e soprattutto con scienziati di grande cultura che apparivano sui più importanti trattati delle discipline Neuro. Dovevo non dimenticare che l'oggetto dei miei studi era il sistema nervoso con le sue strutture e le sue cellule, i cosiddetti neuroni, e che queste, nonostante il modo ancora misterioso e discusso, erano in rapporto diretto con il pensiero, le idee e i sentimenti. I termini che avevo imparato e che mi avevano impressionato di più erano quelli di "noopsiche" e di "timopsiche" e cioè la "conoscenza" e "l'istinto", oltre alle due grandi ripartizioni di cervello e mente. Il grande problema, il bersaglio finale, era pur sempre il binomio mente/cervello che poi in fondo corrispondeva al quesito "chi siamo noi?" A questo ritenevo di primaria importanza si dovesse cercare una risposta tenendo conto che il concetto di timopsiche ci agganciava in basso agli animali, mentre quello di noopsiche ci portava in alto, ma dove, se l'uomo era l'ultimo anello della catena evolutiva del vivente?

 # La Germania

L'Istituto tedesco dove andai aveva un lungo nome che incuteva rispetto alla sola pronuncia: *Hirnforschungsinstitut*. Era situato sulle colline della Foresta Nera – *Schwarzwald* – in mezzo alle sue grandi foreste di conifere e aveva un bel parco (Fig. 16). Era diretto da un grande nome della Neuropatologia tedesca, il professor Oscar Vogt che, con la moglie Cécile Vogt (Fig. 17), si era dedicato per anni alla patologia del sistema nervoso e aveva emesso una grande teoria, la Patoclisi, che spiegava le malattie nervose in termini d'interazione fra ambiente e organizzazione morfo-funzionale del sistema nervoso. Vogt aveva una trentina di lauree *honoris causa*. Nei laboratori dell'Istituto potevo disporre di un microscopio binoculare con luce incorporata tutto per me, un laboratorio per le preparazioni e un laboratorio di fotografia. Imparai molto e per imparare intendo dire compiere molte osservazioni al microscopio di substrati di tessuto nervoso diversi, normali e patologici, e interpretarli in base alla mia preparazione

Fig. 16 *Ingresso al parco dello Hirnforschungsinstitut*

Fig. 17 *Oscar e Cécile Vogt*

scientifica che cercavo incessantemente di aumentare e migliorare attraverso lo studio. Il mio tempo era quindi diviso fra il microscopio, il laboratorio di preparazione e la biblioteca.

Per la prima volta assistetti alla discussione fra grandi scienziati che allora dominavano la scena della neurologia mondiale. Era uno scontro fra titani. Oggetto del contendere era l'origine della schizofrenia e il dibattito era pubblico. Contro gli psichiatri che vedevano questa malattia come prodotta da disturbi psicopatologici, altri sostenevano l'origine organica. Kraepelin, il fondatore della Psichiatria Imperiale Tedesca, nel XIX secolo, l'aveva denominata *Dementia praecox* lasciando nel dubbio se si dovesse intendere come una malattia che conduceva precocemente alla demenza o che colpiva precocemente nella vita. L'aveva ritenuta di origine organica. Bleuler all'inizio del XX secolo la chiamò schizofrenia, senza tracciare una netta demarcazione fra l'origine psicologica e quella organica. Meyer poi non aveva chiuso la porta a un'interpretazione psicodinamica, mentre Jung tendeva a riconoscervi un meccanismo psicosomatico. I nomi più citati nell'ambito psicodinamico erano quelli di Husserl, Heidegger e Minkowski. Per l'eziologia organica, in particolare da cercare nella patologia dei gangli della base, specie per la varietà catatonica, stavano Vogt e in Italia

V.M. Buscaino. Quante volte ho sentito la parola *basal Kerne* in bocca alla von Brentano, collaboratrice di Vogt, che cercava di dimostrare la natura extra-piramidale della schizofrenia. Quando nel dibattito Vogt parlò dei *basal Kerne* ci fu qualcuno, mi pare fosse il professor Hess di Zurigo, che si alzò e quasi urlando disse: "Nicht basal Kerne, Dissoziazionstörungen"[1].

Era evidentemente un bleuleriano che non superava l'interpretazione psicopatologica negando persino la possibilità che la malattia avesse una base organica. La discussione non condusse a una conclusione e ognuno rimase della sua idea, ma per me fu enormemente istruttiva, anche se in fondo un po' deludente. Quale poteva essere la mia idea sull'organicità o funzionalità della schizofrenia, se grandi scienziati esperti del problema non si accordavano? Il contenzioso d'altronde investiva il problema del rapporto mente/cervello che in quei tempi non poteva che essere discusso in termini filosofici o sulla base di convinzioni personali.

La sera in camera mia ripensai a quanto avevo ascoltato ed ero andato a rileggermi i lavori della Von Brentano. Le alterazioni neuronali che aveva descritto nei casi di schizofrenia non erano molto dissimili da quelle che vedevo nei miei preparati di pazienti affetti da altre malattie e che consideravo come non pertinenti al processo che stavo studiando. Non erano specifiche, ma potevano trovarsi in qualsiasi cervello senile o di persone che avevano subito in vita una qualche patologia neurologica o psichiatrica. Per di più i cervelli studiati dalla Von Brentano erano di pazienti da anni residenti in manicomi e in condizioni forse non proprio ottimali. Neanche confrontando un grande numero di casi di schizofrenici e di normali sarebbe stato possibile discernere le lesioni associate alla schizofrenia. Pur avendo questa tutto l'aspetto di un processo organico, mi rimanevano forti dubbi che alla base vi potesse essere una patologia cellulare del tipo dimostrato.

Il problema della doppia eziologia della schizofrenia persisterà nel tempo, ma con lo sviluppo della psichiatria biologica, che eroderà terreno alla psicopatologia, la natura organica non sarà più ricercata nella patologia cellulare, ma progressivamente nella bio-

---

[1] "Non nuclei della base, ma disturbi dissociativi!"

chimica, nella genetica, nei trasmettitori, anche se di tanto in tanto qualcuno ripresenterà il problema in termini di patologia. La questione ridiventerà attuale nei primissimi anni del nuovo millennio quando la Risonanza Magnetica funzionale riproporrà, con il mappaggio del cervello, il coinvolgimento di aree cerebrali particolari. Per il momento non sapevo procedere oltre. Mi veniva in mente quanto diceva un mio collega più anziano, nell'Istituto italiano dove lavoravo prima, per sfottere gli psichiatri arroccati sulla psicopatologia: "Quando troveranno lo schizococco voi avrete chiuso".

Da cosa nasce cosa, si dice. Dalle considerazioni fatte sulle osservazioni della Von Brentano mi venne un suggerimento. Dovevo stare molto attento agli artefatti e cioè a quelle alterazioni che si creano nel tessuto per effetto delle manipolazioni cui viene sottoposto per poter essere reso osservabile al microscopio. Con ciò non volevo mettere in dubbio le osservazioni della collega, attenta ed esperta, ma semplicemente ricordarmi di tenere sempre presente questa possibilità. Come si potevano riconoscere? Per me, che mi stavo proprio costruendo in quel momento il filtro esperienziale per evitare errori nella lettura dei preparati, era molto importante. Un nome che non ho più dimenticato è stato *Wasserveränderungen*. Si trattava della formazione di vacuoli di acqua allungati, reniformi, che staccavano il nucleo dal citoplasma, molto frequente. Non dovevano essere confusi con la "malattia acuta di Nissl" e con la "cromatolisi centrale" (Figg. 27C e 29), entrambe patologie del neurone. La distinzione era molto importante e occorreva fare molta attenzione. Gli artefatti potevano essere molti e una regola mi venne suggerita da Stochdorph che mi disse: "Ricordati che una lesione del neurone, a meno che non sia avvenuta poco prima della morte, suscita sempre una risposta nel tessuto, inteso come neuropilo, glia e vasi".

Me ne ricorderò per tutta la vita. Sapevo già che un intervallo di tempo troppo lungo fra la morte e l'autopsia o fra il prelievo e la sua fissazione potevano causare molti artefatti. L'autolisi era in prima linea, ma anche l'ipecromatosi nucleare, la coartazione, etc. Tutto ciò era ovviamente della massima importanza nello studio di malattie con eziologia incerta fra la psicogenesi, come si diceva allora, e l'organicità. Soprattutto bisognava stare attenti ad alterazioni cellulari che non erano artefatti, ma che comunque non appartenevano alla malattia in studio, anche se questo concetto era molto ambiguo, perché poteva basarsi su di un pregiudizio. Un'alterazione non appartiene a una malattia finché qualcuno non lo dimostra. Poteva una patologia cellulare essere dovuta a un effetto psicosomatico? Non so se Jung sostenesse anche questo; allora non sembrava probabile, ma in tempi recenti non risulterà più così strano. In fin dei conti malattie a eziologia psicogenetica e a semiogenesi organica esistono; dunque non c'è da stupirsi. Questi erano tutti preamboli al contenzioso suggerito dalla visione dualistica, riduzionismo/anti-riduzionismo, delle discussioni sul rapporto mente/cervello che si svilupperà più tardi e di cui parlerò.

Durante il mio soggiorno in Germania venni a conoscenza di un altro possibile artefatto. Avevo letto che un'alterazione particolare della mielina, la guaina che avvolge le fibre nervose, era stata trovata da uno scienziato italiano, il professor V.M. Buscaino che l'aveva chiamata "zolle di disintegrazione a grappolo" e consisteva in aree policicliche di alterazione mielinica nella sostanza bianca, che erano state considerate patogeneticamente rilevanti in certe malattie. Aveva pubblicato il lavoro su una rivista italiana importante. Un ricercatore tedesco, di cui adesso non ricordo il nome, aveva risposto su una rivista tedesca che si trattava di un artefatto dovuto a cattiva fissazione del tessuto. Seguì una diatriba per iscritto sulle rispettive riviste in cui emerse chiaramente il carattere autoritario e battagliero di Buscaino che difendeva strenuamente la sua ipotesi contro il tedesco che finì però per avere ragione. Molti anni dopo era capitato anche a me di vedere queste zolle, ma non avevo avuto dubbi sulla loro artefattualità. Il mio vissuto scientifico aveva ovviamente incorporato e integrato il contenzioso di molti anni prima e l'interpretazione corretta era già in me bell'e pronta come frutto del progresso scientifico. Questo era però un avvertimento e un invito a esercitare una grande attenzione nell'osservazione e all'aggiornamento critico continuo.

Di patologia ne ho vista parecchia all'Istituto di Vogt e ho imparato soprattutto a essere molto prudente nell'interpretazione dei reperti. Quello che si vede nel campo microscopico dev'essere vagliato alla luce della conoscenza dell'ultima letteratura di cui un osservatore attento deve poter disporre quando si siede al microscopio. Un giorno Otto Stochdorph, un esperto patologo che lavorava all'Istituto su un trattato di patologia, ebbe da Vogt l'incarico di studiare un cervello particolare che era arrivato all'Istituto dal

Giappone. Stochdorph me ne parlò e lo guardammo insieme. Si trattava del cervello di un addetto all'ambasciata tedesca a Pechino, un uomo di mezza età, che parlava sessanta fra lingue e dialetti, fra cui l'indiano, il giapponese, il cinese, etc. oltre alle lingue occidentali, e questo aveva stupito i colleghi e superiori, perché non era noto per la sua intelligenza. Anzi, era piuttosto modesto nelle sue prestazioni, tanto che non aveva fatto alcuna carriera. Morì non so per che cosa all'età di sessant'anni e venne autopsiato. La conoscenza di molte lingue e l'opaca vivacità mentale incuriosivano i patologi che rimasero sorpresi nel rilevare un lobo temporale sinistro del cervello di grandezza doppia rispetto a quello destro. Pensarono che fosse un reperto molto importante per confermare il nesso fra lobo temporale e memoria che allora andava delineandosi. Il cervello venne inviato a Vogt perché lo esaminasse. L'esame istologico fatto da Stochdorph, con stupore generale, aveva però dimostrato che l'espansione del lobo temporale non era dovuta a un'abbondanza di neuroni che poteva giustificare le prestazioni linguistiche eccezionali, ma era causata da un astrocitoma e cioè da un tumore che aveva gonfiato il lobo temporale senza alterarne la forma. Evidentemente le capacità linguistiche straordinarie di quell'uomo dovevano avere un'altra base.

Ho pensato molto alle possibilità di errore in cui si può incorrere quando si tratta di dedurre funzioni o, tanto peggio, funzioni psichiche da osservazioni morfologiche o comunque organiche. L'esempio del poliglotta mi è rimasto in mente per tutta la vita. Ne ho avuti altri. Ci fu un tempo negli anni Cinquanta quando si facevano le corticografie a cielo aperto o stimolazioni corticali per confrontare i *patterns* elettrici con la citoarchitettonica. L'osservazione doveva confermare quello che era in ipotesi e cioè che là dove cambiava il *pattern*, doveva cambiare la citoarchitettonica. Nel punto dove avveniva il cambio di *pattern* si faceva un piccolo taglio nella corteccia per poterlo riconoscere dopo al microscopio. Esaminando diversi encefali così studiati, mi pare fossero di scimmie, si andava a controllare in corrispondenza del segno fatto il cambio di architettonica. In effetti in un cervello lo trovammo in corrispondenza del segno. Peccato che quello che appariva come segno era una semplice piega della sezione formatasi al momento del montaggio della sezione stessa. Il segno vero lo trovammo più in là in un'area corticale dove la citoarchitettonica era del tutto uniforme. Mi sono sempre domandato quale fosse l'attendibilità di sperimentazioni di questo tipo e mi ero convinto che sul rapporto morfologia/funzione nel sistema nervoso ci fosse ancora molto da fare.

Al di là degli artefatti nel preparato, delle distorsioni degli oggetti nel campo microscopico da qualsiasi causa, anche persino dei difetti della funzione visiva dell'osservatore, quello che cominciava a risultarmi chiaro era l'importanza del vissuto personale specifico, chiamiamolo esperienza, sull'interpretazione dei reperti. L'esempio del tumore temporale mostratomi da Stochdorph era molto pertinente. L'esperienza di Stochdorph aveva chiarito un problema. Ma, accidenti, quanta esperienza bisogna avere per vivere tranquilli, sempre che ciò sia possibile in un mestiere come questo. Poi ci sono i meccanismi psichici che regolano l'integrazione di quello che vedo al microscopio nel mio vissuto e questi meccanismi, al di là della logica, non possono non essere influenzati dai contenuti nascosti del mio vissuto, chiamiamoli inconsci. È un dilemma che non sapevo come risolvere e rimandai al momento la sua discussione a quando cioè avrei avuto più esperienza.

Vogt era molto rigoroso e pretendeva che lo studio dei neuroni fosse sempre documentato da disegni a mano e poi da fotografie (l'Istituto disponeva di un importante servizio per la fotografia). Approfittando di una mia certa abilità nel disegnare, riempii pagine e pagine di disegni di neuroni che poi corrispondevano abbastanza bene ai loro fotogrammi (Fig. 18). Le conservo tuttora. Quando mi capita di riguardarle penso alle ore e ore passate al microscopio in uno studio dell'Istituto che dava con un'ampia finestra direttamente sulla Foresta Nera. Quando sollevavo il capo per un breve riposo, avevo ampio modo di spaziare sull'infinito paesaggio di conifere, valli e radure. Ho anche risentito il profumo che aleggiava in quella stanza, proveniente dal legno di pino di quella foresta con cui erano fatti i mobili e gli scaffali contenenti i vetrini. La mia immaginazione ha ricreato la Beheim-Schwarzbach, una ricercatrice non più giovane dell'Istituto, che nel prato davanti alla finestra chiamava il suo piccolo cagnolino nero: "Komme hier, komme hier hier!"

Vogt controllava i disegni e le fotografie, li discuteva e dava consigli. D'altronde tutta la costruzione della sua teoria della Patoclisi altro non era se non un capitolo della Bioclisi e cioè un sincretismo fra la morfologia, la chimica e la funzione del sistema ner-

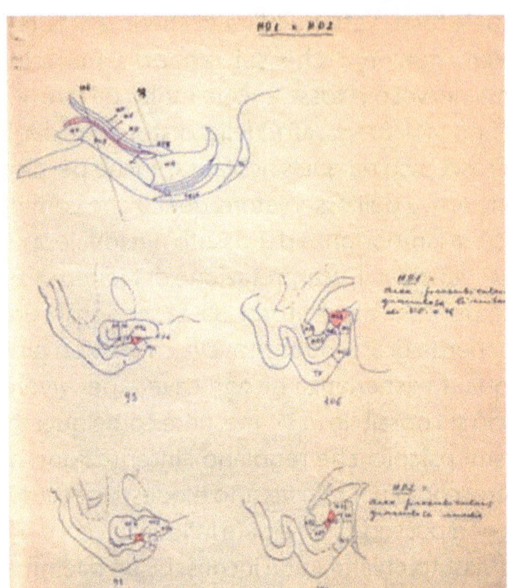

Fig. 18 *Disegni dell'area dell'ippocampo e di vari neuroni corticali*

voso, alla cui base vi era lo studio dei neuroni normali e patologici o abnormemente distribuiti nelle varie aree. A me ha sempre dato l'impressione di una costruzione teorica, totalizzante, logica, potrei dire hegeliana. Per esempio nel morbo di Pick, oggi la demenza fronto-temporale, vi era un ordine nella successione temporale dell'alterazione dei neuroni e della loro scomparsa nei vari strati corticali che si chiamava Eunomia. Quest'ordine, raffrontato a quanto si sapeva sulla fisiologia e funzione degli strati corticali, poteva consentire di delineare la fisiopatologia della malattia.

Il concetto di Bioclisi a me piaceva, perché consentiva di introitare l'intera impalcatura morfo-funzionale del sistema nervoso in una visione globale, anche se non offriva effetti operativi sul piano pratico. Era una visione che corrispondeva alle concezioni filoso-fico-biologiche dell'inizio del XX secolo. Altri avevano trovato sistemi analoghi, come Van Bogaert, Bonhoeffer, etc. Oggi questi sistemi hanno un valore storico, anche se rimangono sempre come l'espressione di una *Weltanschaauung* del sistema nervoso di quell'epoca della storia della neuropatologia e neurobiologia, ma, per quanto superati, continuano a indicare la persistenza di un problema generale non risolto, come qualsiasi costruzione filosofica.

Possiamo infatti dire che oggi quanto è stato detto da Cartesio, Kant, Locke, Hegel sia completamente superato e non abbia più alcun addentellato con il pensiero moderno? Direi di no. Persino Platone è continuamente chiamato in causa dai razionalisti. Ho letto recentemente un libro del più importante filosofo americano odierno[2], il quale, discutendo della modernità della filosofia di Nietzsche e di Heidegger in rapporto alla cultura americana dei giovani, continua a tirare in ballo Platone e Socrate come termini di paragone permanenti.

Vorrei però ritornare sulla questione dei disegni. Perché Vogt pretendeva che i neuroni, sani o malati, venissero disegnati? Non era sufficiente la fotografia che in più evitava le distorsioni dovute alla variabilità delle capacità individuali di riprodurre mediante disegno la realtà? Ci ho pensato a lungo e poi l'esperienza fatta negli anni che seguirono al mio soggiorno in Germania mi confermerà dell'utilità del disegno della realtà studiata al microscopio. Disegnare gli oggetti del campo microscopico aiuta nel loro riconoscimento e nella loro denominazione. In biologia, come in altre condizioni, denominare significa classificare, dare un posto, conoscere. A quel tempo non avevo ancora letto Wittgenstein e non avevo ancora chiare le varie implicanze del linguaggio come strumento di conoscenza, anche se avevo presenti di continuo le questioni inerenti alla denominazione delle cose del reale, a partire da Linneo. Per discutere di questo devo introdurre i fondamenti della psicologia della forma e quindi ne parlerò più avanti.

Devo tuttavia ricordare che tutti gli scienziati del microscopio, fino all'avvento delle facilitazioni fotografiche, hanno disegnato gli oggetti del campo microscopico. Un'occhiata ai vecchi trattati di istologia o di patologia sarà sufficiente a convincerci come il disegno può alle volte essere superiore alla fotografia, proprio perché non riproduce fedelmente la realtà, sempre che ciò sia vero, ma ci fornisce la realtà interpretata dall'autore; si può dire che il disegno riduce all'essenziale gli oggetti osservati secondo l'interpretazione dell'osservatore, sfoltendo il contesto. Dal punto di vista didattico questo può essere utile; non so scientificamente. Non posso non

---

[2] Bloom A. *La chiusura della mente Americana. I misfatti dell'istruzione contemporanea*, Lindau, Torino, 2009.

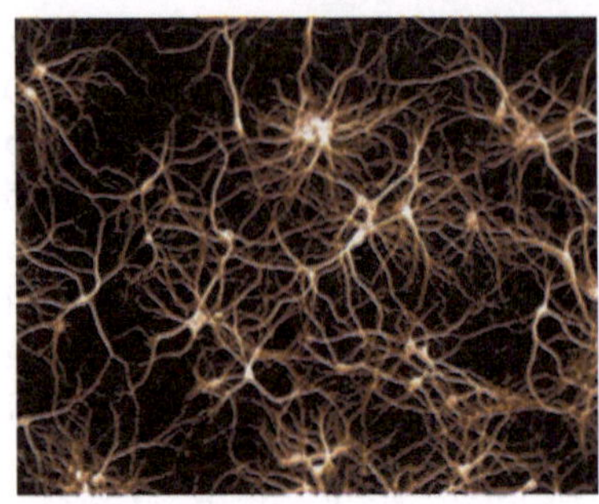

Fig. 19 *Rete neurale*

ricordare qui quel grande ricercatore che con i suoi disegni di neuroni, della loro distribuzione e connessione e delle sinapsi ha emesso ipotesi che oggi la genetica molecolare conferma. Questo fu Ramon y Cajal (Fig. 20A). Non rifaccio qui la sua lunga storia e accenno appena alla famosa *querelle* fra lui e Camillo Golgi (Fig. 20B). Questi propugnava l'esistenza di una rete neuronale diffusa contro la concezione di Cajal che sosteneva l'individualità del neurone, come risulta molto bene da un magnifico libro sull'argomento[3]. Il concetto di rete neurale (Fig. 19) sarà poi ripreso cinquant'anni dopo, ma con altri intendimenti, da Cajal. Questi aveva perfezionato il metodo di Golgi, che consisteva nella famosa "reazione nera" che nemmeno lui sapeva cosa fosse, e aveva studiato tutto il sistema nervoso, soprattutto disegnando cellula per cellula e giungendo ad alcuni principi fondamentali che furono: il neurone come entità distinta, il principio della polarizzazione con la ricezione degli stimoli da parte del corpo cellulare e dei dendriti e le connessioni specifiche fra le cellule tramite le sinapsi. Aveva distinto i neu-

Fig. 20 A *Ramon y Cajal;* **B** *Camillo Golgi*

---

[3] Mazzarello P. *Il nome dimenticato. La vita e la scienza di Camillo Golgi*, Bollati Boringhieri, Torino, 2006.

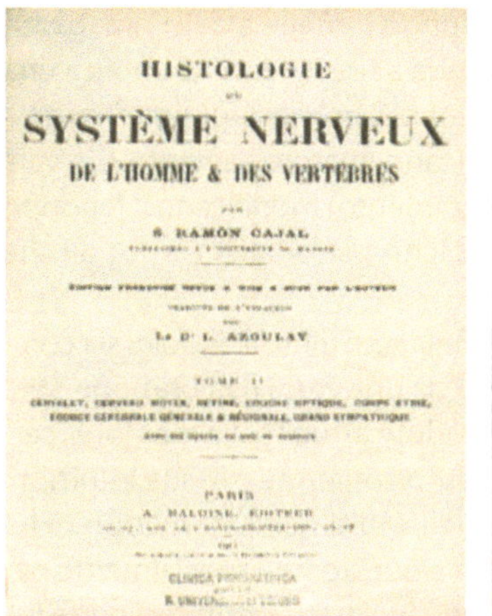 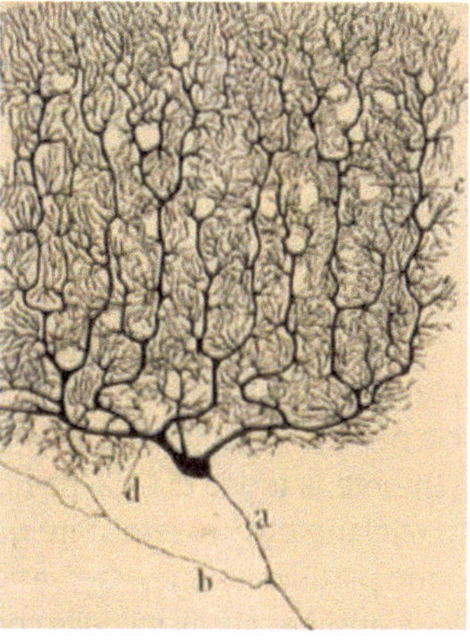

Fig. 21 A *il trattato di istologia di Cajal;* **B** *il disegno di una cella del Purkinje*

roni sensoriali, i motoneuroni e gli interneuroni. Ho letto il suo librone con i vari disegni dei neuroni e con descrizioni alle quali oggi c'è ben poco da aggiungere[4] (Figg. 21 e 22). Una delle sue grandi intuizioni fu che le sinapsi fossero importanti per l'apprendimento che modificava la forza di connessione fra i neuroni attraverso il moltiplicarsi delle ramificazioni terminali, o con la formazione di nuove collaterali o espansioni, etc. Questo consentirà poi a Kandel[5] di formulare l'i-

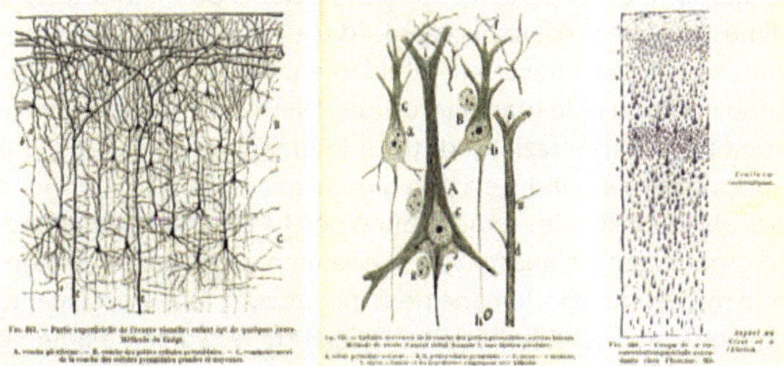

Fig. 22 *Disegni di Cajal di cellule nervose*

---

[4] Ramon y Cajal. *Traité d'histologie*, Maloine, Parigi, 1909-11.
[5] Kandel E. *Alla ricerca della memoria*, Codice, Torino, 2006.

potesi della memoria a breve e a lungo termine e dell'immagazzi-namento mnemonico. Se la memoria a breve termine implica una modificazione funzionale delle sinapsi, quella a lungo termine e quindi l'apprendimento le modificano anatomicamente. Ciò vale a dire che l'esperienza (e l'apprendimento) modificano il fenotipo con tutte le considerazioni biologiche, psicologiche e sociali che questo comporta.

Non so quanto oggi la teoria della rete diffusa di Golgi sia com-pletamente superata oppure se ci sia una certa rivalutazione, spe-cie per quanto concerne alcune vedute attuali sulla memoria; cer-tamente, la teoria di Cajal ha ricevuto conferme e le sue intuizioni si rivelano oggi essere state geniali. Molti ricercatori dopo di lui sono partiti dalle sue osservazioni e questo vale specialmente per le sinapsi. La specificità delle connessioni tra neuroni comporta l'e-sistenza di vie specifiche e questo condiziona le differenze fra le informazioni trasportate. Questo servì dopo ad Adrian[6] e a Sher-rington[7] per avere il Nobel sulle connessioni neuronali. In effetti, le osservazioni compiute da Cajal, pur estese a tutto il sistema ner-voso e frutto di attente osservazioni, avrebbero potuto condurre automaticamente alle conclusioni cui giunse? Sicuramente no. Il risultato non era così scontato, poiché le sue conclusioni non erano delle semplici inferenze. Esse sono state semplicemente l'opera di un genio. Quindi, se vogliamo, senza la grande intuizione, nulla avrebbero potuto il rigore logico e l'obiettività impiegati nella valutazione dei reperti, né l'interpretazione. Da un lato questo dimostra come la scienza non proceda per stratificazione di nuove conoscenze, ma attraverso il cambiamento dei parametri cui pos-sono contribuire le grandi intuizioni. Dall'altro lato però questo condiziona l'accettazione di tutte le grandi intuizioni alla loro epoca storica e ci induce a non giurare mai sull'ultima intuizione o acquisizione come eterne, proprio perché prima o poi i parame-tri cambieranno, e questo vale specialmente in rapporto al bino-mio mente/cervello. Rimane però incontrovertibile – e lo stiamo constatando – che l'intuizione di Cajal sta resistendo a lungo e continua a essere operativa, quando già per tanta parte delle neu-

---

⁶ Cfr. Kandel.
⁷ Cfr. Kandel.

roscienze i parametri sono cambiati. Alle volte immagino di tornare indietro, alla fine del XIX secolo, di sostituirmi a Cajal al microscopio, di trovare neuroni, processi e altro distribuiti nel campo rotondo luminoso e di provare a disegnarli e a seguirne i processi: provo a dedurre da tutto ciò l'importanza dell'esercizio mentale nello sviluppo delle interconnessioni neuronali e la loro specificità e capisco che non poteva essere che l'opera proprio di un genio.

Andrò a Madrid molti anni dopo a visitare il museo di Cajal. Sono esposti nelle bacheche i suoi scritti, i disegni, il suo strumentario e anche le sue lettere. Una è particolarmente impressionante. Cajal scrisse questa lettera a un amico e morirà dopo tre o quattro giorni per un cancro intestinale. Immaginai il suo stato di sofferenza mentre scriveva la lettera. Con questa rispondeva all'amico che gli chiedeva come stava e diceva (le parole non sono testuali): "ma, non tanto bene, ho mal di pancia e la diarrea, ma parliamo di cose più importanti. Quelle cellule di cui ti ho parlato, sai, sono speciali; ho visto potrebbero essere neuroni." Tre giorni dopo non c'era più.

Il mio soggiorno in Germania fu veramente fruttifero. Non solo presi dimestichezza con l'esplorazione di una certa realtà mediante il microscopio, ma anche con l'uso sapiente degli ingrandimenti. È tipico di chi inizia a usare il microscopio arrivare subito all'ingrandimento più forte, ai 1000 x. L'ingrandimento va scelto a seconda di che cosa si vuol vedere. Praticamente questo significa che prima ancora di rilevare un oggetto nel campo microscopico, bisogna creargli il contesto in cui inserirlo e ciò a sua volta comporta il vantaggio di poterlo interpretare meglio, ma anche la possibilità di creare un pregiudizio che dipende dalla valutazione del contesto legata al nostro vissuto scientifico. Rimane fondamentale che in un modo o nell'altro del contesto bisogna tenere conto. Molte volte è indispensabile dare uno sguardo panoramico al tessuto da esplorare. Per esempio, se voglio sapere se nel tessuto vi è stata una perdita di neuroni devo scegliere un ingrandimento che mi permetta di riconoscerli come tali, ma anche di poterli contare; se usassi subito i 1000 ingrandimenti ne vedrei uno, al massimo due. Il problema degli ingrandimenti ha a che fare con quello dell'organizzazione dello spazio nell'uomo su cui dirò ripetutamente in seguito.

All'Istituto, nell'attrezzato laboratorio di fotografia vi era una tecnica fotografa di grande esperienza. Era capace di modificare le fotografie durante lo sviluppo e il fissaggio, manovrando con la punta di bastoncini intrisi in un acido o nell'acqua ossigenata. Faceva dei ritocchi per far risaltare o scomparire dei particolari; in fondo erano dei falsi. Il professor Vogt non voleva assolutamente che ciò avvenisse e lei ubbidiva. Però quante volte, vedendo in lavori pubblicati fotografie di reperti che noi non riuscivamo a ottenere, abbiamo pensato a trucchi fotografici? Anche questo doveva essere messo in conto dall'esperienza. In Germania qualche anno dopo capiterà che per aver spacciato per umano un tessuto animale con certe alterazioni il ricercatore sarà radiato e gli sarà proibito di fare ancora ricerca. La stessa cosa capiterà negli USA a un ricercatore, della cui frode non ricordo i particolari, cui sarà proibito l'accesso a laboratori di ricerca per cinque anni, e questo significa per sempre.

°○○ **Il rientro**

Il mio soggiorno in Germania purtroppo giunse al termine e rientrai a malincuore. I Vogt mi chiesero di rimanere e io promisi che sarei tornato, ma non potei mantenere la promessa. Una volta rientrato in Italia ebbi una serie di vicissitudini, anche familiari, che m'impedirono di rientrare in Germania. Finii la mia specializzazione in neurologia e psichiatria e ripresi a lavorare nel Laboratorio di Neuropatologia del vecchio Istituto. In quel periodo, fra gli anni Cinquanta e Sessanta, stava espandendosi l'istochimica e la citochimica e mi accorsi di non avere sufficienti basi chimiche per affrontare le nuove tecniche. Frequentai per un anno l'Istituto di Chimica Generale e contemporaneamente cercai di acquisire esperienza in microscopia elettronica, così come farò più tardi per l'immunologia per l'avvento dell'immunoistochimica e per la genetica e biologia molecolare, quando queste diventeranno la strada maestra nelle ricerche nel campo delle neuroscienze.

Feci lunghi soggiorni in USA, Germania, Inghilterra, Svezia, Belgio. Sono stati anni d'intenso studio per incrementare il mio vissuto scientifico nel campo della neuropatologia, in modo particolare nella patologia dei tumori del sistema nervoso. Si trattava di un ambito scientifico in cui per molti anni l'accuratezza della diagnosi istologica rappresentava lo scopo principale della ricerca e questa era basata essenzialmente sulla morfologia. Col tempo si richiederanno sempre più contributi all'istochimica, immunoistochimica, microscopia elettronica, biologia molecolare, etc. in ordine crescente, che mi obbligheranno all'aggiornamento continuo di cui ho detto. Contemporaneamente, perché ero anche un neurologo clinico, proseguii la mia attività in clinica neurologica, disciplina che in fin dei conti è quella che suggerisce i quesiti per la neuropatologia, e in cui fondamentalmente si svolgeva la mia carriera.

A un certo momento negli anni Settanta sorse la questione della neuropatologia che finì per interessare tutti quelli che usavano il microscopio nei loro studi. Nata nel XIX secolo in Francia, Germania e Inghilterra, si era rapidamente sviluppata, inizialmente in ospedali psichiatrici e poi nelle neurologie e nelle patologie. In Italia ciò avvenne principalmente nelle neurologie. In Europa, ma specie in Italia, si pose a un certo punto la questione se la neuropatologia dovesse appartenere alla patologia oppure alla neurologia o se dovesse essere una disciplina autonoma, come da tempo era in Germania. Vi fu in Italia una diatriba fra neurologi e patologi che il Ministero a un certo momento risolse abolendo la neuropatologia come disciplina universitaria e incorporandola nella patologia. Ricordo che anni dopo il Ministero stesso la abolirà del tutto, togliendola anche dalla patologia. Quando si dice il progresso! Tralasciando i dettagli della diatriba, perché ormai irrilevanti, emergeva da questa come fosse di grande importanza e necessaria una preparazione neurologica adeguata per chi doveva agire come neuropatologo, indipendentemente dalla sua estrazione, neurologica o patologica. Questo si riferiva proprio alle possibilità interpretative delle osservazioni al microscopio; queste dovevano essere integrate in un vissuto in cui dovevano trovare ampio spazio i problemi neurologici inerenti alle localizzazioni e funzioni cerebrali o psichiche e alla loro semeiotica e clinica. Questo valeva sia sul piano diagnostico, dove la conoscenza clinica e anatomica giocava un ruolo fondamentale, sia su quello prevalentemente interpretativo, specie allorquando si affrontavano problemi emananti dal discusso binomio mente/cervello, come l'autismo, i neuroni "a specchio" e i rapporti con l'altro o l'apprendimento, l'ippocampo e la memoria, le cellule staminali e la neurogenesi, etc. La preparazione neurologica in certi casi doveva essere anche dettagliata. Ricordo che in molte di queste questioni l'interpretazione dei dati correva sul filo del rasoio dell'opposizione psicogenesi/organicità. Bisognava tenere conto che per un certo periodo, includente gli anni Quaranta-Settanta, aveva dominato nel campo neuropsichiatrico una massiccia interpretazione psicogenetica, che spesso sfociava nella pura filosofia. A parte gli psicoanalisti come Freud, Jung e Adler, non c'era neuropsichiatra che di fronte alla patologia mentale non s'ispirasse a Husserl e Heidegger. Non dimentichiamo l'importanza che aveva avuto nello studio della percezione visiva l'interpretazione fenomenologico-esistenziale di Merleau-Ponty.

Lo studio al microscopio – e questo lo posso dire dopo cinquant'anni di dimestichezza con questo strumento – non è una prestazione tecnica e asettica che riguarda oggettivamente la realtà esterna e impegna il sapere tecnico dell'osservatore risparmiandone i contenuti esistenziali. Il mondo microscopico è in continua dialettica e scambio con il mondo interiore dell'osservatore, con influenze reciproche fra i due. Per mondo interiore non s'intende soltanto quello del vissuto specifico scientifico, la cosiddetta esperienza e la preparazione, ma tutto il mondo interiore che finisce per influire sul riconoscimento degli oggetti nel campo microscopico e per essere modificato dalla loro percezione. È esperienza comune avvertire che il progressivo arricchimento del vissuto personale con informazioni estranee alla biologia e provenienti da qualsiasi settore del sapere, letteratura, filosofia, economia politica, storia, etologia e dalle neuroscienze in generale, amplia corrispondentemente la possibilità d'interpretazione di quanto viene osservato al microscopio. Mi ero reso ben presto consapevole, anche per l'esperienza che facevo dell'esperienza altrui, che l'interpretazione di dati ottenuti al microscopio si ampliava con l'ampliarsi della cultura in generale, anche se poteva soffrirne per una certa dispersione a scapito di un'efficacia pratica del momento. Molti problemi che l'umanità ha dibattuto e dibatte nel corso del tempo possono avere ripercussioni nelle interpretazioni. L'antinomia fra riduzionismo e anti-riduzionismo, a partire dagli anni Settanta, si faceva sempre più acuta; gli avanzamenti epistemologici e anche lo sviluppo dell'etica nella scienza imponevano sempre più una discussione sul problema dell'obiettività nella scienza, oltre che della liceità di alcune sperimentazioni. Contemporaneamente gli oggetti che si osservano nel campo microscopico rappresentano per l'osservatore stimoli che, integrati nel vissuto, lo modificano, così come le loro stesse interpretazioni, e non soltanto sul piano puramente scientifico sotto forma di apprendimento e di esperienza. Esiste forzatamente un parallelismo fra mondo interiore e mondo microscopico che le interpretazioni avvicinano e tutto evolve di pari passo. Alla base di tutto, anche dell'attendibilità e validità della scienza, torna sempre in pista l'opposizione fra empirismo e razionalismo, fra Locke e Kant, che risale indietro al dualismo cartesiano fra *res cogitans* e *res extensa*. Nel prossimo capitolo voglio parlare proprio di questo e percorrere l'arco d'informazioni che vanno dalla realtà del mondo esterno alla sua interpretazione nella mente, attraverso il microscopio, l'occhio, le vie ottiche e il cervello.

 # La percezione
e la conoscenza

Fin dall'inizio degli studi di medicina mi ero chiesto quali potessero essere i fondamenti dell'osservazione al microscopio; questa mi svelava un mondo fissato, paraffinato, colorato e soprattutto ingrandito o semplicemente manipolato che nella realtà non c'era. Era un mondo fittizio che serviva da codice tra me e la realtà? Ho continuato a pormi questa domanda dopo pochi anni di esperienza al microscopio e ho continuato a pormela in tutta la mia carriera. La risposta che mi davo variava progressivamente con l'incremento delle mie conoscenze scientifiche e con l'evolversi della scienza in genere. A un certo momento cominciai a pensare che il mondo esterno, oggetto dello studio microscopico, m'inviasse dei messaggi dei quali con quello strumento potevo percepire solo quelli visivi. Ma ancora non è tutto, perché pur limitati a quelli visivi, erano soltanto quelli percepiti che contavano e il primo quesito che avevo cominciato a pormi era la differenza fra il "vedere" e il "percepire", al quale solamente dopo aver raggiunto una certa preparazione in neurologia potevo tentare di dare una risposta. Comunque nel "percepire" entrava in gioco la psiche e non solo passivamente, come stazione di arrivo degli stimoli, ma attivamente dovendo integrare lo stimolo sensoriale ricevuto nel vissuto. Ormai finiti gli studi di medicina e completati quelli di neurologia – in senso ovviamente eufemistico data l'inesistenza di un loro limite – conoscevo l'anatomia e la fisiologia delle vie ottiche (Fig. 23) e potevo seguire il percorso dello stimolo luminoso che, captato dai coni e dai bastoncelli, si estendeva alle cellule gangliari, al nervo ottico, al chiasma, al tratto ottico su fino alla corteccia occi-

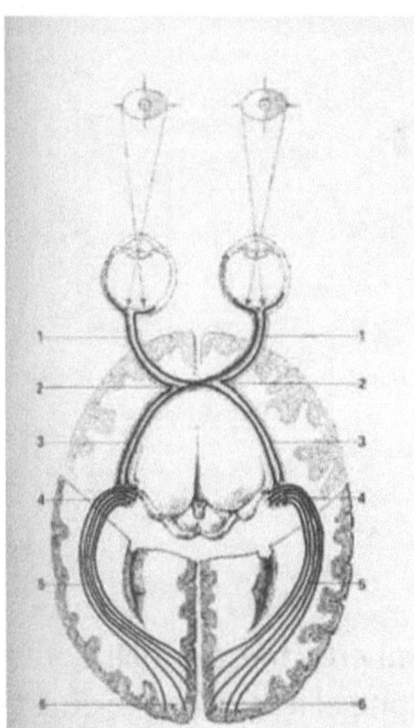

Fig. 23 *Le vie ottiche*

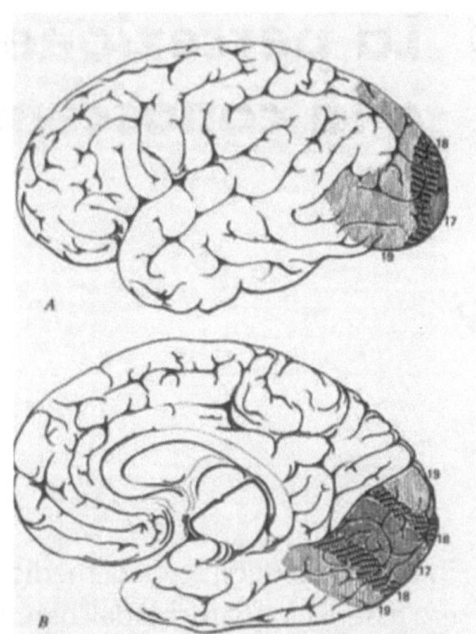

Fig. 24 *Le aree visive: primaria, secondaria e terziaria*

pitale primaria e poi secondaria e terziaria (Fig. 24). La neurologia è sempre stata perentoria sulla distinzione fra le tre cortecce occipitali attorno alla scissura calcarina, e in esse il grado d'integrazione cresceva dalla prima alla terza area passando dalla percezione all'appercezione, che includeva il concetto di coscienza. Vi era in realtà una contraddizione in questa distinzione, poiché il percepire includeva già il concetto di coscienza di una realtà esterna. Forse era una questione di gradi? Più sensata invece appariva la distinzione fra le aree primaria, secondaria e terziaria che corrispondeva in termini di percepito alla luce, colori, forme e scene mano a mano che ci si allontanava dalla scissura calcarina verso il lobo temporale o parietale. Importante era il fatto che anche istologicamente queste aree erano differenti. Ricordo che quello che più impressionava gli studenti nello studio delle vie ottiche era la famosa stria del Gennari che caratterizzava la corteccia della scissura calcarina. Al microscopio la si poteva vedere molto bene nelle preparazioni per la mielina. Ma anche il tipo e la distribuzione dei neuroni era diversa e questo consentiva di trarre conclusioni sulla corrispondenza fra citoarchitettonica e funzione nervosa.

Indipendentemente dalle vie ottiche e dalla percezione visiva, questa corrispondenza in genere era ribadita da alcuni atlanti che erano comparsi nella prima metà del secolo scorso. Ricordo gli studi di Brodmann del 1909 e di Von Economo e Koskinas del 1925 che erano il fondamento anatomico delle funzioni cerebrali e che consentivano, a chi voleva trarla, un'interpretazione fortemente riduzionistica del rapporto mente/cervello. La funzione è diversa perché la costituzione cellulare è diversa. Con il passare del tempo, lo sviluppo degli studi di neuropsicologia cognitiva associati a quelli che hanno permesso lo sviluppo della Risonanza Magnetica, proseguirà in questa direzione con le mappe cerebrali. Proseguirà anche il dibattito sul problema, con l'introduzione del concetto che il cervello potrebbe essere lo strumento della mente e non identificarsi con essa; ci si rifugerà nella coscienza superiore che non è mai stata localizzata. Ma di questa parleremo estesamente dopo aver chiarito questioni più periferiche.

Per tornare alla percezione visiva in rapporto con l'osservazione al microscopio, mi sono tornate in mente le concezioni dei vari filosofi sul problema della conoscenza; in ogni trattato di storia della filosofia vi era per ciascun filosofo un capitolo dedicato alla conoscenza, accanto a quelli dell'etica, metafisica, etc. Ricordavo dagli studi liceali e da letture recenti che già nella filosofia greca antica la percezione era concepita secondo due attitudini fondamentali, che vedevano la materia sensibile opporsi alla forma intelligibile, "i figli della materia e gli amici delle idee" dice Simondon[1]. Questa opposizione in sostanza si ripeterà nello scontro fra il razionalismo, che sosteneva l'apriorismo innato, e l'empirismo che vedeva l'esperienza sensibile alla base della conoscenza della realtà esterna. Kant, Cartesio[2] e Locke[3]. Per la verità per Cartesio l'*a priori* avrebbe permesso semplicemente di superare il carattere occultatore della percezione per arrivare alla realtà oggettiva pensata in base a principi innati. Questo è quanto si ricavava dall'interpretazione del famoso esempio del pezzo di cera che fonde al

---

[1] Simondon G. *Cours sur la perception (1964-65)*, Les éditions de la transparence, Chatou, 2006.

[2] Cartesio R. *Meditazioni metafisiche*, tr. Urbani Ulivi L., Rusconi, Milano, 1998.

[3] Locke J. *Saggio sull'intelletto umano. Estratti*, a cura di G. De Ruggiero, Laterza, Bari- Roma, 1968.

calore: si tratta sempre della stessa materia con aspetti diversi. In pratica, nella percezione le concezioni empiriche vedevano qualcosa che dal mondo esterno entrava nella mente, mentre per quelle razionalistiche vi sarebbe stata una proiezione della mente sul mondo esterno. È come parlare di natura senza coscienza o di coscienza senza natura. La filosofia di Merleau-Ponty si proporrà poi di mediare questo dissidio. Nella *Fenomenologia della percezione*[4] la soggettività è concepita come correlato ontologico della corporeità del mondo. Ogni percezione esterna è una percezione del mio corpo e "io sono il mio corpo".

Non si può parlare di percezione visiva senza ricorrere ai contributi portati dalla *Gestaltpsychologie*. La percezione è considerata un "prodotto cognitivo" che consta di due processi, uno primario di analisi della forma e l'altro secondario che è quello dell'elaborazione cognitiva. Nel primo vi è una descrizione strutturale dell'oggetto, con analisi delle sue proprietà fisiche, che conducono alla distinzione della "figura" dal "fondo". Una prima conclusione era stata che non vi fosse corrispondenza fra la realtà esterna e quella percepita e che la comprensione della percezione discendesse non dalla descrizione dei singoli elementi sensoriali ma dalla situazione globale in quanto la "forma" sarebbe più della somma dei suoi elementi. Vennero individuate le sette leggi che regolano la costituzione delle forme[5], dalle quali si poteva dedurre che, anche nel processo primario, vi fosse un fondamento interpretativo o cognitivo che si evince dal fatto che nelle cosiddette "figure illusorie" la mente interviene in base alle sue tracce mnestiche, in un'i-

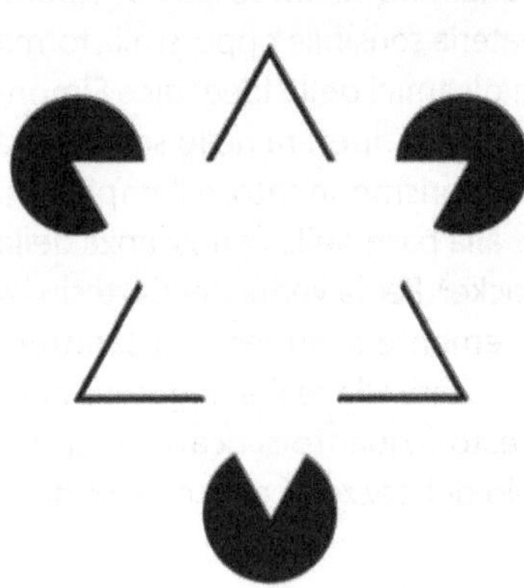

Fig. 25 *Triangolo di Kanizsa*

---

4 Merleau-Ponty M. *Fenomenologia della percezione*, Il Saggiatore, Milano, 1972.
5 Katz D. *La psicologia della forma*, Bollati Boringhieri, Torino, 1979.

potesi "costruzionista". Basti pensare alle varie figure illusorie proposte, fra cui il famoso triangolo di Kanizsa (Fig. 25)[6].

Nell'osservazione microscopica è più difficile rilevare la differenza fra il processo primario dal secondario perché l'interpretazione interviene in entrambe, o almeno le avvicina molto. Quante

Fig. 26 *Coppa di Rubin*

volte succede che la figura si scambi con il fondo o che cambi nell'osservazione prolungata? Un vaso con una certa *silhoutte* che divida in due il campo da figura può diventare sfondo a due profili che si affrontano. Questo è un po' quello che succede nel triangolo di Kanizsa (Fig. 25), dove emerge un triangolo bianco che nel disegno originale non c'è, e soprattutto nella coppa di Rubin[7] e in genere nelle figure ambigue, ampiamente utilizzate da artisti che si sono appuntati sulla percezione (Fig. 26).

È anche stato fatto l'esempio dell'"assenza fenomenica" e cioè di una realtà che non viene percepita perché la capacità di rilievo del sistema ottico non lo consente. Noi non vediamo per esempio le radiazioni elettromagnetiche, eppure queste esistono. L'assenza fenomenica però è limitata alla percezione ottica perché abbiamo altri sistemi per percepire la realtà. Oppure la capacità percettiva dipende dalla luminosità del campo. Anche questo è di facile rilievo, tanto è vero che ogni microscopista sa che per ogni campo che osserva deve regolare la luminosità. Esistono numerose contribuzioni su questo argomento e qualcuna riassuntiva è molto ben fatta[8].

---

[6] Kanizsa G. Margini quasi-percettivi in campi con stimolazione omogenea, *Rivista di Psicologia* 1955; 49: 7-30.

[7] Rubin E. *Visuelle wahrgenommen Figuren*, Glydendalske, Copenhagen, 1921.

[8] Monticelli B. *Percezione Visiva e Design. Come la Mente Vede le Forme*, PsicoLAB, Firenze, 2006. Visionato il 13/08/2009 su http://www.psicolab.net.

 # Il riconoscimento

Il primo passo quando si esplora un campo microscopio è il riconoscimento degli oggetti che vi si trovano e cioè dei suoi elementi costitutivi, seguito da quello del tipo di tessuto cui appartengono, del processo biologico o patologico, etc. Questo procedimento ricorda molto quello che aveva condotto Linneo alla distinzione progressiva fra specie, genere, ordine e classe. Riconoscere gli oggetti o il loro insieme significa operare un confronto con i *patterns* cognitivi di cui si dispone già e questo dipende dal vissuto scientifico specifico dell'osservatore. Maggiore è l'esperienza dell'esaminatore, più oggetti riconoscerà staccandoli uno per uno come figura dal fondo, ma usando la globalità dell'osservazione per il riconoscimento. Se vedo una cellula che rassomiglia a un neurone per un insieme specifico di forme e colori che corrisponde al *pattern* relativo di cui già dispongo nella mia esperienza, il vederne di consimili distribuite in un certo modo mi consentirà di riconoscere la struttura neuronale specifica che le contiene. Il riconoscimento può lasciare dubbi: per esempio nei nuclei neuronali non vedo bene i nucleoli oppure non vedo la sostanza di Nissl che caratterizza i neuroni (Fig. 27C). Allora cercherò ulteriori informazioni, per esempio usando l'immunoistochimica che mi dimostrerà la positività per i neurofilamenti o per la sinaptofisina (Fig. 28B) che non si possono trovare che nei neuroni. Cercherò cioè altre caratteristiche che confermino o no la natura dell'oggetto. Qualche volta è necessario arrivare alle preparazioni di microscopia elettronica. Quanto maggiore sarà l'esperienza o vissuto scientifico specifico dell'esaminatore, tanto più rapido e sicuro sarà il

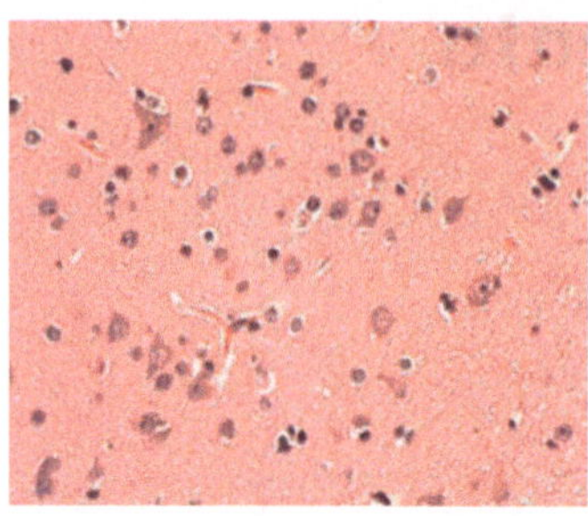

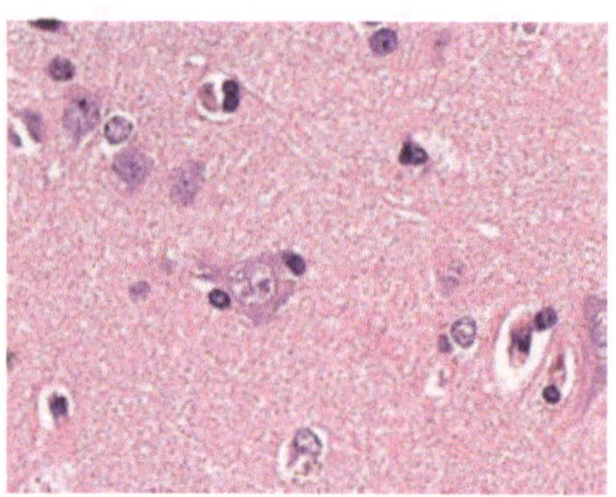

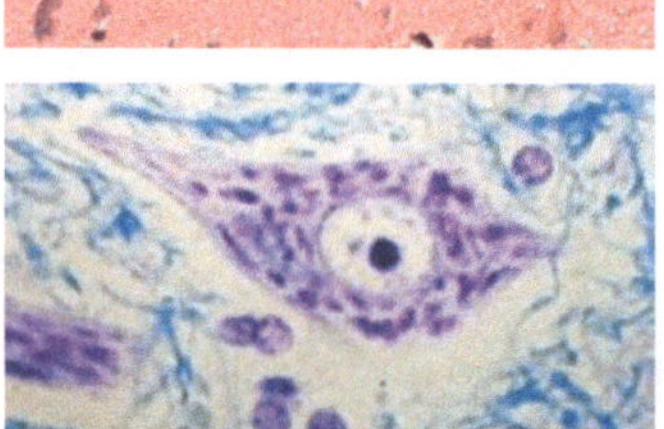

Fig. 27 A *neuroni e cellule di glia;* **B** *neuroni con satelliti;* **C** *neuroni con zolle di Nissl*

riconoscimento; l'inesperienza condurrà al mancato riconoscimento e l'eccesso di confidenza nella propria esperienza o la difficoltà nell'usarla condurrà a falsi riconoscimenti.

Bisogna prendere in considerazione anche quest'ultima evenienza. Ci sono persone che stentano a fare esperienza o a usarla e non correggono i propri errori. Chi vive con *patterns* sbagliati oppure che non sa applicare – ma sarà pur sempre obbligato ciononostante a ricorrervi ogni volta che dovrà operare riconoscimenti – potrà commettere errori. Questo può corrispondere a tratti peculiari della personalità che, indipendentemente dal microscopio, si possono riscontrare nella vita comune, ma sono più facilmente rilevabili in chi è obbligato a emettere giudizi o diagnosi. Può essere un tratto di personalità che si distribuisce biologicamente, come qualsiasi carattere psichico, secondo la curva "a cappello di carabiniere" e quindi indipendente dalla professione dell'individuo, anche se può essere in parte corretto da chi deve per professione evitarne le conseguenze. Si può pertanto osservare anche in medici e in neurologi utilizzanti *patterns* sbagliati perché identificati in certe credenze o convinzioni, anche di natura patologica. Avevo in cura un paziente diciottenne epilettico che rifiutava la terapia perché gli avevano detto che le compresse facevano male, nonostante non avesse più crisi quando le prendeva e le avesse quando le sospendeva.

"Chi ti ha detto che fanno male?" gli avevo chiesto.

"Una mia compagna" aveva risposto.

"Cosa fa questa tua compagna?"

"Bah! La sarta credo, non so".

"E tu credi più alla tua compagna che a me che sono medico?"

"Sì".

"Però hai constatato che quando prendi le compresse non hai più crisi".

"Sì, ma fanno male" aveva risposto tagliando corto.

Non ci fu niente da fare e i genitori erano disperati. Ovviamente non ero affatto sicuro che quella fornita fosse la spiegazione della sua convinzione; c'era evidentemente in quella mente un intoppo suggestivo che le impediva l'uso della logica. A me venne in mente la definizione di delirio che si trovava su tutti i libri di psichiatria e che diceva: "è un'interpretazione errata della realtà che non si lascia correggere né dalla scienza né dall'esperienza". Immaginiamo un osservatore al microscopio che abbia di questi intoppi, evidentemente espressione di meccanismi iponoici o ipobulici[1] avvenuti durante la costruzione del proprio vissuto; questi possono essere resi attivi, trasferendoci sul piano microscopico, da qualche interazione emotiva che si realizza con gli oggetti del campo. È molto probabile: in fondo captare la realtà esterna con la propria corporeità e osservare il mondo microscopico con gli occhi non fa una grande differenza, se non per la maggior artificiosità dell'osservazione al microscopio e la necessità di un vissuto specifico maggiore e sostanzialmente autentico. Vi è sempre un momento nell'interpretazione in cui la mente getta il suo peso.

Ho già detto che l'interpretazione ha un gioco non solo nel processo primario della percezione ma anche e soprattutto in quello secondario, e vale non soltanto per l'influenza che può avere sul riconoscimento degli oggetti ma anche per le deformazioni che la percezione di questi può subire per effetto di consonanze emotive che l'oggetto suscita nel vissuto. È un po' complicato, ma il peso che possono avere i meccanismi iponoici e ipobulici, anche sul ricono-

---

[1] I termini sono presi da Kretschmer E. *Psicologia Medica*, Sansoni, Firenze, 1952.

scimento degli oggetti nel campo microscopico, e non solo nella loro interpretazione, di cui dirò ancora dopo, è notevole. Tutte le psicologie analitiche si fondano su questo principio.

Prima che la percezione di un certo oggetto si realizzi nella corteccia occipitale c'è spazio per un'infinità di eventi. Non parlo qui ovviamente delle caratteristiche dell'oggetto e cioè del vetrino, della sua preparazione e della serie di accadimenti che possono deformarlo, del tempo trascorso tra il prelievo del campione e la fissazione, la durata e l'adeguatezza di questa, la disidratazione, la colorazione, i difetti del globo oculare quali, per esempio, la cataratta, i difetti nella visione dei colori e altri. Non posso considerarli tutti, ne ricorderò qualcuno. Dopo una certa età avevo cominciato a notare che quando al microscopio mettevo a fuoco un oggetto una nubecola grigiastra si muoveva nel campo visivo e lentamente veniva a porsi sull'oggetto impedendone l'osservazione. Era un corpo mobile dell'umor vitreo che gli oculisti hanno spesso occasione di diagnosticare in persone non più giovani. Avevo imparato a scacciare la nubecola con un colpo di testa: ruotando di scatto il capo e gli occhi verso un lato, questa si spostava verso quel lato liberando l'oggetto. Dovevo affrettarmi a compiere l'osservazione perché dopo non molti secondi la nubecola lentamente riprendeva il suo posto.

Se trascuriamo tutti i fattori periferici che possono disturbare il riconoscimento degli oggetti, si può dire che la percezione visiva può subire distorsioni o per effetto delle caratteristiche funzionali proprie delle modalità recettive, quali le illusioni ottiche che la *Gestalt Psychologie* ha messo bene in evidenza, oppure per effetto di interpretazione della struttura fisico-chimica dell'oggetto, che serve per il suo riconoscimento e che emana dal vissuto e in particolare dal vissuto scientifico specifico.

Il mondo microscopico e il linguaggio

L'osservazione al microscopio dà l'impressione all'osservatore di entrare in un mondo a sé, senza apparenti rapporti con il mondo reale, dal quale occorre per di più isolarsi per potersi concentrare. Si tratta della visione bidimensionale di una realtà che, oltre a essere stata deformata da una serie di interventi che si sono prodotti su di essa per poterla osservare, è tridimensionale e non esiste a quell'ingrandimento. O meglio, a quale ingrandimento vogliamo dichiarare che esista? All'ingrandimento naturale dell'occhio umano posso affermare che il cervello sta nel cranio, che l'ippocampo sta nel cervello e che ha quella determinata forma e quel colore, ma non riesco ad andare oltre. Non so come siano i rapporti di grandezza fra occhio, cervello e mente per l'uomo o quello che sta per mente negli animali nelle varie specie, ma so che esistono e sono peculiari delle specie. Probabilmente negli animali i rapporti di grandezza fra gli oggetti del mondo esterno e fra questi e l'animale sono in funzione del significato che hanno per l'animale stesso. Per esempio, un oggetto che incute paura o che rappresenta il cibo sarà visto più grande? La grandezza potrebbe essere uno dei segni che servono per catturare l'attenzione dell'animale. Come dirò dopo, è noto in semiotica che a ogni segno corrisponde o meglio può essere indotto un apparato recettore e nella fattispecie sarà di enorme importanza la modalità con cui è costruito l'apparato visivo con il suo analizzatore periferico e centrale. Nell'uomo i rapporti di grandezza fra gli oggetti appartengono alla logica e alla logica matematica e non possiamo prescindere da queste.

So, anche per esperienza diretta con il microscopio, che l'oggetto si risolve in strutture sempre più piccole per vedere le quali devo non solo usare mezzi di ingrandimento ma anche manipolare il substrato in modo da renderlo visibile con questi mezzi. Procedendo in questo modo vedrò che l'ippocampo è composto da neuroni e a maggior ingrandimento che questi sono composti da organelli e poi che questi hanno un'ultrastruttura visibile con il microscopio elettronico e dopo non c'è che la chimica, poi la fisica. A ogni ingrandimento cambia il contesto, o il testo se vogliamo usare una terminologia semiotica, e deve cambiare anche il mio dispositivo per l'interpretazione in quanto, come dice Umberto Eco, devo attivare quella quantità di sapere complessivo che si riferisce al contesto. Ma allora ci si può domandare: a quale ingrandimento esiste la realtà? Per rispondere a questa domanda dovrei farmene un'altra e cioè dovrei sapere con chi sto parlando, visto che per standardizzare il linguaggio devo riferirmi all'intersoggettività, senza contare che esistono limiti all'interpretazione. Dovrei rispondere che la forma e la grandezza del mondo esterno sono relative alla struttura che le valuta, ma anche che questa è indotta dagli oggetti che deve valutare secondo una logica materiale. Non dico che il mondo esterno esiste solo se lo guardo, per via dell'obbligo che ho di attenermi all'oggettività della natura, ma so che può essere percepito anche con altri mezzi che non la vista o dedotto da mezzi immateriali; per esempio posso percepirlo come energia o onde elettromagnetiche e avere di esso una pura immagine mentale. Devo anche tenere conto che la questione degli ingrandimenti non può essere discussa se non in rapporto alla valutazione dello spazio per l'uomo e che in questo non sono solo stimoli visivi a contare ma anche e soprattutto quelli somestesici.

Tutto ciò naturalmente presuppone un punto di vista antropocentrico in quanto sicuramente gli animali e i vegetali che vivono nel mondo esterno e inter-reagiscono con esso – stavo per dire lo avvertono, ma mi sono corretto in tempo, ma sarà così? – agiscono a seconda della posizione filogenetica e secondo la logica materiale. Questa prevede per gli esseri viventi animati la morfogenesi autonoma, la teleonomia e l'invarianza riproduttiva con alla base le proteine e il DNA, come dice Monod[1]. Questa considerazione si riallac-

---

[1] Monod E. *Il caso e la necessità*, Mondadori, Milano, 1971.

cia a quanto detto poc'anzi circa il rapporto di grandezza fra gli oggetti del mondo esterno in relazione alle specie animali.

Il mondo esterno è quello che dev'essere per ogni essere vivente, anche se devo tenere conto che per l'uomo si introducono il concetto di coscienza superiore, frutto della complessità della struttura, e la necessità per la scienza che la natura sia oggettiva cioè che dovrebbe esistere indipendentemente dal nostro apparato visivo e dalla coscienza. Ma allora perché se guardo il mondo con ingrandimenti diversi vedo cose diverse? Oppure tutto ricade nella "finzione funzionale" di Vaihinger[2], della filosofia del "come se"? Dice Vaihinger: "Noi diciamo ufficialmente che tutti gli uomini sono uguali; poi questo risulta non essere vero se scendiamo nei dettagli. Tuttavia ci comportiamo come se fosse la verità". Non faremmo mai in un consesso ufficiale una dichiarazione che gli uomini non sono tutti uguali. Noi dobbiamo comportarci come se il mondo esterno fosse oggettivo, visto che per la scienza dev'essere così, e accettare che la sua esplorazione comporti ordini di grandezza diversi. Tutte le altre considerazioni riguardanti la nostra soggettività cadono nel *mare magnum* dell'opposizione fra l'ontologia kantiana e l'esistenzialismo di Heidegger da un lato e di Sartre e di Merleau-Ponty dall'altro.

Se cerco a occhio nudo qualcosa nel mondo esterno, non lo vedrò se questo è troppo piccolo, oppure, se è ai limiti della visibilità, lo vedrò in forma indistinta, senza poterlo descrivere se non come piccolo. Se è grande lo vedrò bene, ma il discorso si ripete se mi appunto sui suoi particolari. Per esempio, se vedo un frustolo di pelle o di tessuto nervoso, posto che questo sia fattibile per tutti e non solo per i patologi, non percepisco altro che una piccola quantità di materia senza una forma definibile, a malapena grigiastro o con colore indefinito, mentre se lo guardo, poniamo, a duecento ingrandimenti, dopo averlo trattato chimicamente, vedrò cellule o altre strutture. Ma sono proprio le cellule quelle che si vedono e portano attaccata un'etichetta con scritto "cellule", o sono io che denomino così una certa realtà? Dicendo che sono cellule ho operato dei riconoscimenti e delle interpretazioni in base al

---

[2] Vaihinger H. *La filosofia del "come se"*, Astrolabio Ubaldini, Roma, 1967.

mio vissuto specifico scientifico che si frapporranno sempre fra me e quella realtà che sta sotto l'obiettivo del microscopio. Se poi uso i mille ingrandimenti, non vedrò più cellule, ma mitocondri, membrane, vacuoli, e inoltre se faccio del mio substrato un'analisi molecolare non vedrò più niente, perché non userò il microscopio; il termociclatore mi dirà che si tratta di bande di una certa proteina o di nucleotidi solo perché si è visualizzato ai miei occhi un certo colore frutto di una reazione chimica con una molecola che ha un certo peso e si muove in un campo elettrico con una velocità relativa al peso. Ma tutto ciò non lo vedrò: saranno le denominazioni e le misurazioni preordinate di certi eventi, stabilite dall'intersoggettività, a dirmi tutto questo. Fondamentalmente, però, limitandoci agli oggetti che si "vedono" nel campo microscopico, posso dire che sono i miei occhi con il loro cristallino e con quello del microscopio con dietro la mia mente a riconoscere gli oggetti nominandoli. Questo significa che introduco il mondo esterno nella mia mente attraverso il linguaggio.

Immaginiamo che al posto del mio occhio ci sia un microbo che vaghi per quella landa misteriosa che ho chiamato frustolo di tessuto; il suo comportamento sarà regolato dai segni che riconosce e contemporaneamente esso stesso sarà per me un segno: capirò dal suo comportamento quali segni riconoscerà, perché li leggerà con la struttura di cui dispone in base alla posizione che occupa nella scala filogenetica. Si dice che subirà la chemiotassi positiva o negativa e si avvicinerà a certe strutture e si allontanerà da altre in base a leggi chimico-fisiche. Se invece sono io a esplorare quel mondo a mille ingrandimenti, fatte le proporzioni, riconoscerò ben altri segni, che sono già stati letti e stabilizzati dalla intersoggettività umana, molto più numerosi e complessi, perché dispongo di strutture complicatissime che li sanno riconoscere e che sono state sollecitate dai segni stessi. Opererò dei riconoscimenti e darò delle denominazioni, emettendo giudizi. Userò il linguaggio.

A un certo momento della mia vita di ricercatore ho cominciato a pormi dei problemi sul significato delle procedure che mi portavano dall'osservazione al microscopio alle conclusioni tecnico-scientifiche che ne traevo. Mi era tornato in mente quel periodo giovanile di grande affezione per la botanica sistematica che aveva preceduto il mio ingresso all'università. Classificare, denominare, conoscere. Capivo che la mia conoscenza del mondo vegetale era subordinata alla mia capacità di denominare e classificare, e prima di me di non so quante altre persone, e allora non mi sorgevano altri problemi da risolvere. Adesso, a distanza di tanti anni, potendo disporre di un bagaglio culturale specifico maggiore e agendo in un mondo esterno molto diverso, il cui studio per me è in fondo strumentale, mi rendo conto che la conoscenza è denominazione, ma anche che l'approfondimento della conoscenza è il nucleo centrale della mia attività scientifica.

Che il linguaggio fosse di enorme importanza mi era già chiaro prima ancora di accedere all'università, proprio per i miei interessi per la botanica sistematica, ma questo non rappresentava un problema e non disponevo ancora della cultura specifica per affrontarlo, proprio perché non era un problema. Non avevo che qualche nozione scolastica di quel mondo che racchiude la semiotica, la linguistica, la filologia e la filosofia del linguaggio, anche considerando che in quell'epoca, a parte De Saussure e Barthes che erano conosciuti, si trattava di un mondo agli albori del suo sviluppo. Con il passare degli anni e con l'incremento delle mie conoscenze di neurologia, le sollecitazioni ad affrontare quella cultura specifica sono per me venute aumentando. Diventavo vieppiù consapevole che molte risposte che si davano in campo biologico e medico derivavano semplicemente dalla raggiunta possibilità di denominare e classificare gli oggetti, attribuendo alla denominazione una componente conoscitiva in quanto non si poteva fare di più: era quanto di più scientifico si potesse fare allora. Di nuovo si riproponeva il clima del nominalismo con Guglielmo d'Ockham, Abelardo e Duns Scoto. Il problema degli universali.

Ricordo che per una ventina d'anni almeno, tra gli anni Sessanta e Ottanta del secolo scorso, i problemi riguardanti la terapia dei tumori cerebrali erano così lontani dall'essere risolti che una delle più importanti possibilità di avanzamento scientifico era la loro classificazione. La classificazione cosiddetta istogenetica, che si era instaurata con Bailey e Cushing nel 1926-32, soppiantava le precedenti e si complicava poi con l'avvento del concetto di anaplasia di Cox[3] e di Kernohan e collaboratori[4] negli anni Trenta-Cin-

---

[3] Cox LB. *Amer J Pathol* 1933; 9: 839.
[4] Kernohan JW, Mabon RF, Svien HJ, Adson AW. Simplified classification of gliomas, *Proc Staff Meet Mayo Clin* 1949; 24: 71.

quanta. Quante discussioni in congressi e riunioni si erano svolte sulla nomenclatura dei tumori, dalla quale doveva risultare come la loro denominazione, cioè l'etichetta diagnostica, doveva racchiudere quanto si sapeva sulla loro origine dagli elementi primi, sui meccanismi che conducevano alla trasformazione tumorale e anche sulla prognosi del paziente portatore del tumore. I tumori vennero suddivisi in quattro gradi di malignità. Denominare significava riconoscere e quindi conoscere, e a ogni proposta nuova di un nome corrispondeva un passo in avanti nella comprensione dello sviluppo del tumore. Questo era quanto l'avanzamento scientifico dell'epoca consentiva di fare.

C'è stato per tutti un momento nello studio della neurologia, ma anche di altre discipline, in cui è stato necessario affrontare il problema del linguaggio. Questo di solito si presenta in neurologia quando si aggredisce la questione delle afasie, ma anche delle agnosie e delle asimbolie. In certe lesioni del lobo frontale o temporale di sinistra, l'impossibilità di esprimersi con le parole (afasia motoria) o di capire quelle altrui (afasia sensoriale) ha imposto la ormai famosa distinzione fra la condizione in cui il paziente non riesce a dire con le parole quello che ha nel pensiero da quella in cui al paziente mancano le formule mentali per parlare e per capire la parola detta. Questo è stato ed è, anche se con termini mutati, un problema enorme che implica direttamente il concetto di linguaggio. Ricordo che negli anni Sessanta il massimo di esplorazione nel campo delle afasie era se il disturbo del linguaggio fosse semantico o sintattico. Negli studi neurologici numerose istanze presero a sollecitare sempre più un approfondimento non solo del problema dei disturbi cognitivi ma anche quello più generale dei rapporti fra linguaggio e conoscenza scientifica con alla base il significato delle denominazioni. Non racconterò qui la "vera istoria" delle scoperte e interpretazioni di Broca e di Alzheimer dei due tipi di afasia. Ricorderò invece come contemporaneamente si veniva sviluppando la semiotica o semiologia in quanto disciplina che studia i fenomeni di significazione e comunicazione e che si fonda sulla relazione fra "qualcosa che sta per qualcos'altro". La filosofia, a partire da Platone e Aristotele, ha sempre presentato coinvolgimenti di questo tipo, specialmente quella dell'empirismo inglese (Bacone e Locke) e del razionalismo francese (Cartesio) e tedesco (Leibniz). A un certo punto questa disciplina o questo insieme di discipline prese a svilupparsi rapidamente e non erano più soltanto sparute informazioni su De Saussure e Barthes a venire in aiuto ai neurologi. Fiorirono discussioni e contributi di importanti ricercatori e la semiotica divenne un insieme così vasto di sapere scientifico che Umberto Eco proporrà di denominare Dipartimento[5] l'assemblaggio delle varie discipline di cui si compone. L'esplorazione del mondo esterno con il microscopio non poteva sottrarsi ai quesiti concernenti il significato e la significatività del riconoscimento degli oggetti del campo, al problema dei segni e delle interpretazioni che investivano direttamente la conoscenza scientifica.

Lo sviluppo della semiotica, a partire da De Saussure e da Barthes, aveva visto coinvolti fior di nomi e si era subito presentato il quesito se la disciplina fosse filosofica o linguistica. A noi non addetti ai lavori era parso che per la natura filosofica si fossero schierati successivamente Peirce[6], Morris[7], Sebeok[8] ed Eco[9], e per quella linguistica Levi-Strauss[10] e Lacan[11]. Non devo certo dimenticare Chomsky[12] e De Mauro[13]. Accanto a una semiotica generale sono nate le semiotiche specifiche o grammatiche. Per quanto l'argomento fosse per me di estremo interesse, non potevo adirvi a tempo pieno, come mi sarebbe senz'altro piaciuto, perché la mia professione era un'altra. La linguistica e la filologia, nel cui campo avevo alcuni amici, costituivano argomenti su cui stavo ad ascoltare con grande interesse. Di grande importanza specifica erano ovviamente per me la semiotica del linguaggio e della comunicazione, perché erano arrivate a rappresentare uno strumento indispensabile nel valutare le osservazioni scientifiche, indipendente-

---

[5] Eco U. *Semiotica e filosofia del linguaggio*, Conferenza all'Università di Caracas, luglio 1994.

[6] Peirce CS. *Semiotica. I fondamenti della semiotica cognitiva*, Einaudi, Torino, 2001.

[7] Morris CW. *Lineamenti di una teoria del segno*, Paravia, Torino, 1970.

[8] Sebeok TA. *Contributi alla dottrina dei segni*, Feltrinelli, Milano, 1997.

[9] Eco U. *Trattato di semiotica generale*, Bompiani, Milano, 1975; Eco U. *Semiotica e filosofia del linguaggio*, Einaudi, Torino, 1984.

[10] Levi-Strauss C. *Antropologia strutturale*, Il Saggiatore, Milano, 2009.

[11] Lacan J. *A selection*, Norton & Comp, Boston, 2005.

[12] Chomsky N. *Linguaggio e problemi della conoscenza*, Il Mulino, Bologna, 1998.

[13] De Mauro T. *Prima lezione sul linguaggio*, Laterza, Bari, 2002.

mente dalla disciplina da cui scaturivano. L'interesse inoltre era doppio perché la neuropsicologia cognitiva, entrata prepotentemente nella neurologia clinica, era direttamente coinvolta negli studi di semiotica. La triade al centro dell'interesse era: il mondo esterno, il linguaggio, la conoscenza, ovvero – e questo era del massimo interesse – la biologia delle funzioni semiotico-conoscitive. Era inoltre del tutto evidente che la massa di cultura orientata sulla triade sopraddetta non era minimamente separabile da quell'altra massa di dati scientifici che andavano accumulandosi sulla memoria, l'applicazione del neo-darwinismo e le neuroscienze in generale in cui sono emersi come pilastri i nomi di Kandel[14], Searle[15], Edelman[16], etc. In particolare, sulla biologia delle funzioni semiotico-conoscitive devo ricordare a questo proposito un bellissimo libro, non recentissimo, scritto da un prestigioso nome della scienza biomedica italiana[17], Giorgio Prodi, da cui ho ricavato importanti osservazioni.

Innanzitutto, secondo Prodi, è di fondamentale importanza sottolineare che conoscere significa modificarsi e modificare il mondo in quanto l'apparato conoscitivo è modificato dal fenomeno osservato. Nel procedimento del conoscere tuttavia non riusciamo a cogliere "l'anima" delle cose, ma solo le loro caratteristiche, perché l'oggetto e l'apparato conoscitivo si adattano reciprocamente per conformazione. La conoscenza consente di interpretare lo stato materiale della struttura con un altro stato e consiste nell'individuare corrispondenze specifiche con la successione di lettura, conoscenza, significato. L'ambiente contiene oggetti significativi e non ed è un insieme segnico connaturato e contestuale agli apparati dedicati alla loro interpretazione. Noi, gli interpreti, facciamo tuttavia parte dell'ambiente e l'operazione si svolge in orizzontale. La logica materiale è nei fatti e coincide con la semiotica materiale e dà supporto all'evoluzione che – non c'è bisogno di dirlo – non è finalizzata. La lettura dell'oggetto da parte dell'apparato è legata all'emergere dell'oggetto, al suo durare e imporsi e – molto importante – si costituisce una complementarietà fra l'ap-

---

[14] Cfr. Kandel.
[15] Searle JT. *La mente*, Cortina, Milano, 2005.
[16] Edelman G. *Sulla materia della mente*, Adelphi, Milano, 1993.
[17] Prodi G. *Le basi materiali della significazione*, Bompiani, Milano, 1977.

parato di lettura e il segno dell'oggetto. I segni, che vengono prima del codice, in pratica costruiscono l'apparato di lettura e la complessità deriva dalla spinta dei segni che si fanno leggere inducendo gli apparati adatti. Nella complessità si interiorizza il segno e si crea un sistema di segnalazione interno all'individuo in cui vi è ovviamente una forte densità di connessioni che appunto lo caratterizzano e in cui "l'ordine" è l'espressione delle scelte che stanno a monte, in senso filogenetico.

L'organismo è unitario e le specie sono *standard* di aggregazioni di letture in un certo ambiente; non sono in rapporto tra di loro ma reagiscono in modo univoco rispetto all'ambiente, e questo è anche il loro spazio genetico.

La conoscenza è esplorazione di segni e di significatività ed è sempre soggettiva, ma nella scienza viene oggettivata con la standardizzazione che, credo, sia stata avviata da Galileo con la matematizzazione della natura. In sintesi, l'oggetto rappresenta un segno per quel livello di lettura che è capace di leggerlo e inoltre può indurne la costruzione, e la lettura forma i codici. La conoscenza umana rappresenta il grado più alto dei modi di lettura dell'ambiente raggiunto dall'evoluzione, e di questo dirò ancora dopo. Il segno rappresenta un'identificazione e cioè un riconoscimento di significatività e cioè una complementarietà esterna con corrispondenza in una struttura. La conoscenza non è altro che una rappresentazione globale dell'ambiente ed è aggiustata sui segni. Il segno può anche essere visto nel comportamento degli altri che a sua volta, appunto, diventa un segno.

L'aspetto più importante che emerge da queste considerazioni, e che troverà una corrispondenza con i concetti espressi da Kandel[18] e da Edelman[19], è che avviene una storicizzazione dell'individuo perché la struttura che recepisce il segno cambia dopo il contatto con esso e quindi, come prodotto delle cose, non è mai uguale a se stesso: *panta rei*. Questo è vero nei limiti però della specie o meglio delle identità personali, pena la perdita della loro riconoscibilità[20]. Nella concezione di Giorgio Prodi la memoria del

---

18 Cfr. Kandel.
19 Cfr. Edelman.
20 Schiffer D. *Io sono la mia memoria*, CSE, Torino, 2008.

segno forma una situazione analogica interna che corrisponde a quella esterna con cui è collegata però solo dalla traduzione e con cui non ha nulla a che vedere. Essa rappresenta semplicemente il ricordo del segno esterno, ma può determinare "aggiustamenti" del comportamento. Praticamente l'interazione fra i segni modifica stabilmente la struttura senza l'intervento del genotipo – e questa visione corrisponde a quella che Kandel[21] ha presentato nel passaggio della memoria a breve termine a quella a lungo termine con modificazione anatomica del fenotipo e con la sintesi finale di: fenotipo = genotipo + esperienza. Se avviene una traduzione del segno interno verso l'esterno non si riproduce il fatto che ne è stato portatore e cioè questo non ha più connessioni con l'individuo. Importante è che l'interpretazione è basata proprio sul segno interno elaborato portato fuori e la conoscenza consiste quindi in un contatto con l'oggetto, a più sezioni, con la sua identificazione, un'elaborazione interna e un confronto con l'oggetto. È come se l'oggetto venisse rimontato. Tutta questa procedura, agli effetti della conoscenza, implica nell'uomo l'intervento dell'intersoggettività. In questo grande importanza ha la funzione ipotetica che consente di immaginare possibili realtà con una dinamica conoscitiva puramente interna e con la partecipazione di percezioni, sentimenti, istinti. Essa è alla base dell'approfondimento.

Il linguaggio deriverebbe dalla intersoggettività attraverso la comunicazione semiotica in cui il segno non sarebbe altro che un prodotto storico derivante dalla logica naturale e all'apice della scala filogenetica sarebbe comprensivo di tutti i precedenti. I segni corrispondenti a una funzione segnica costituiscono un sistema organizzato, come potrebbe essere la comunicazione verbale. Qui si innesca una diatriba che esula dai miei assunti e che vede fieri oppositori a questo modo di vedere la comunicazione nei seguaci del platonismo. Tuttavia tutti sembrano d'accordo nell'accettare che nella comunicazione non ci sia niente di universale in quanto il processo semiotico coincide con quello conoscitivo e comunicare significa "essere solidali con il mondo". La comunicazione nell'uomo diventa cooperativa e il linguaggio è una comunicazione linguistica[22]. La

---

[21] Cfr. Kandel.

[22] Tomasello M. *Le origini della comunicazione umana*, Cortina, Milano, 2009.

"semiosi" culturale, come la chiama Umberto Eco, non è che il prolungamento di quella semplice naturale. La conoscenza è una esplorazione oggettiva in termini intersoggettivi e linguistici, la realtà oggettiva nell'uomo è scambiata attraverso il linguaggio e la semiotica non è distinguibile dalla conoscenza. Fondamentalmente la struttura è adeguata a ciò che recepisce.

Per tornare alle denominazioni e alle classificazioni dobbiamo accettare che la categorizzazione sia un processo volto all'esplorazione. Trovare il nome significherebbe compiere l'esplorazione con categorie nominali. Dice Prodi: "Trovare un nome significa far entrare un complesso di percezioni in circuiti interni di equivalenza e comparazioni, cioè usare la funzione analogica che è alla base della categorizzazione". Sul versante in uscita vuol dire "usufruire di una serie di valutazioni retroattive per vedere se il nome è scelto correttamente". Le operazioni logiche sarebbero sempre identificazioni categoriali. Queste non sarebbero altro che la "struttura profonda" delle proposizioni di Chomsky[23], opposta a quella "superficiale". Il linguaggio scientifico nascerebbe da quello ordinario con l'aggiunta della "standardizzazione" intersoggettiva, e cioè le misurazioni, come ho già detto, con superamento della fallacia delle percezioni e con la storicità che si attua attraverso le risistemizzazioni e le penetrazioni fuori dei domini dell'uomo, come il mesone, l'inconscio, etc.

È una vecchia questione. Non sono un esperto di filosofia, ma mi è capitato nelle mie letture di filosofia di trovare l'abusata domanda: se chiudo gli occhi, il mondo esterno continua a esistere? Oppure quando morirò scomparirà anche lui? È un razionalismo spinto, ma la risposta potrebbe essere che nel caso della chiusura degli occhi il mondo esterno continuerebbe a esistere perché potrò percepirlo in un altro modo, nel caso della morte non so. Certo, pensando a tutti quelli che si sono posti questa domanda e sono morti, noi sopravvissuti dovremmo rispondere di sì. Ma per loro, date le premesse, non è così. Come scienziato non posso comunque che attenermi al postulato dell'oggettività della natura.

Dopo questa lunga chiacchierata dedicata doverosamente alla semiotica che, già nella sua definizione costruita sul con-

---

[23] Cfr. Chomsky.

cetto di "qualcosa che sta per qualcos'altro" (il segno), si presenta come indispensabile per discutere di quello che succede quando si compiono osservazioni al microscopio, ci si chiede come siano attualmente le posizioni di questa disciplina. Non sono nemmeno un semiologo e non ho la competenza per trattare di questo, però sono rimasto incuriosito anch'io da questa domanda. Le concezioni odierne, da quanto sono riuscito a capire, sono molto disparate al punto che Eco[24] stesso si chiede se esista veramente la semiotica, giustificata non solo dall'esistenza dei semiologi. Partendo dalla concezione di Peirce[25], che dava grande importanza all'interpretazione in un sistema *triadico* in confronto a quello *diadico* di De Saussure, Eco, vicino all'ermeneutica, ritiene ancora fondamentale il ruolo dell'interpretazione e quindi quello del fruitore del testo, ma col tempo ha dato rilevanza alle sue limitazioni. Egli ha usato la metafora dell'enciclopedia per dire che il processo cognitivo che conduce al significato richiede l'uso di un sapere culturale multiplo per destreggiarsi nei diversi contesti comunicativi. Poi si è dedicato ai processi cognitivi. Ricorderò ancora la *Semiotica* di Greimas[26] basata sul contenuto narrativo del testo con le sue strutture profonde e superficiali. Come ho detto all'inizio della chiacchierata, il discorso dovrebbe assumere un'estensione culturale sterminata che non sono in grado di affrontare e poi esulerebbe dal mio obiettivo. Praticamente bisognerebbe riportare il pensiero di tutti quelli che si sono a qualsiasi titolo occupati del linguaggio, ma anche dell'ente e dell'esistente, perché nell'osservazione al microscopio non è soltanto un'impressione personale che non si entri mai in contatto con l'oggetto, la cosa, il mondo esterno o come si voglia chiamare. Tra me e questo c'è sempre il riconoscimento e l'interpretazione, per cui torniamo sempre daccapo con l'opposizione empirismo/razionalismo. Platone e Aristotele. Credo che questa abbia costituito da sempre il nocciolo duro della filosofia.

---

[24] Cfr. Eco.

[25] Peirce Ch. *Semiotica*, Einaudi, Torino, 1980.

[26] Greimas A, Courtrés J. *Semiotica. Dizionario ragionato della teoria del linguaggio*, Mondadori, Milano, 2007.

Per esempio, se prendiamo Wittgenstein[27], citatissimo quando si tratta di discutere l'antinomia sopraddetta, vediamo che le proposizioni del linguaggio sono immagini, ovviamente logiche, concettualmente architettate in modo da rispettare le relazioni che esistono nella realtà. La forma logica sarebbe cioè comune a quella raffigurata nel linguaggio e nei fatti, in modo che vi sarebbe identità fra essere del mondo e pensare il mondo. Il linguaggio sarebbe una raffigurazione del mondo e la forma logica della raffigurazione non può essere "detta", ma solo "mostrata". A questo punto so che bisognerebbe distinguere quanto Wittgenstein ha detto nel *Tractatus logico-philosophicus*[28] e quanto nelle *Ricerche filosofiche*[29] e dire del suo passaggio alla metafisica. Il mistico, l'etico, il senso del mondo cadono fuori del mondo perché non sono del mondo e di questo non si può dire. Non sono un esperto, Wittgenstein non è facile da leggere e poi il tutto esula dal mio assunto. Ho capito che il linguaggio si identifica con il mondo esterno e la stessa identificazione viene fatta da Heidegger[30] fra linguaggio ed essere, ma non so dire di più. Ho solo capito che quest'ultimo è tutto intento a demolire la filosofia kantiana del suo tempo per un rinnovamento della filosofia tedesca, ma non so riferire esattamente il suo pensiero sul linguaggio. L'esegesi che fa di lui Vattimo[31] non mi ha aiutato molto. Non così per il suo esistenzialismo con i concetti del *Dasein* e dell'*Erlebnis*. Quello che invece mi è rimasto impresso, perché suscettibile di essere verificato al microscopio, è l'ipotesi di Sapir-Whorf[32] sulla correlazione esistente fra le categorie linguistiche e il modo con cui si capisce il mondo. Vi sarebbe un determinismo linguistico che vincola l'introitazione del mondo attra-

---

[27] Hartnack J. *Wittgenstein e la filosofia moderna*, Il Saggiatore, I Gabbiani, Milano, 1967.

[28] Wittgenstein L. *Tractatus logico-philosophicus e quaderni 1914-1916*, Einaudi, Torino, 2009.

[29] Wittgenstein L. *Ricerche filosofiche*, Einaudi, Torino, 2009.

[30] Heidegger M. *Essere e tempo*, Longanesi, Milano, 2005.

[31] Vattimo G. *Introduzione a Heidegger*, Laterza, Bari, 1996.

[32] Mandelbaum D. *Selected writings of Edward Sapir in language, culture and personality*, California University Press, Berkeley, Los Angeles, 1949; Whorf B. *Language, thought and Reality: Selected Writings of Benjamin Lee Whorf*, Technology Press of Massachusetts Institute of Technology, Cambridge, Mass., 1997.

verso di queste. L'affermazione di Whorf "nessun uomo è libero di descrivere la natura in assoluta imparzialità, ma è sempre vincolato da certi modi di interpretare dati, anche quando se ne ritiene totalmente affrancato" si potrebbe sottoscrivere. Credo che questa ipotesi abbia suscitato più di una critica; non ho mezzi per discutere della diatriba che ne è seguita, né questo è il luogo per farlo, tuttavia non mi pare che queste conclusioni siano in contrasto con quanto ho detto prima, così come mi è parso di aver interpretato gli autori maggiori.

Un'altra esperienza fondamentale è il problema dello spazio nel mondo microscopico. Il "mondo visivo" che è la rappresentazione soggettiva del "campo visivo" viene organizzato dall'uomo con messaggi che gli giungono da tutto il corpo. L'esperienza dello spazio risulta dall'integrazione fra quella visiva e quella cinestesica, come dice Gibson[33], forse anticipato da Berkeley[34]. Pur accettando l'intervento propriocettivo dei muscoli oculari, come possiamo capire la regolazione a distanza al microscopio dove termini come "basso","alto","destra","sinistra", originariamente derivanti da esperienze cinestesiche non sono facilmente adattabili? Tutti abbiamo esperienza della difficoltà a comunicare verbalmente con qualcuno che sta osservando con noi, a un microscopio a più vie, punti diversi del campo. Bisogna ricorrere a oggetti appartenenti strutturalmente a quanto si sta osservando. Dirò:"guarda quel grosso vaso vicino alla meninge" oppure "guarda la necrosi nel terzo strato corticale", anche perché le direzioni nei microscopi a più vie non coincidono oppure sono invertite.

---

[33] Gibson JJ. Picture, perspective and perception, *Daedalus* 1960; 86: 216.

[34] Berkeley G. *A new theory of vision and other writings*, Dutton, New York, 1922.

°○○ **L'esplorazione del campo microscopico**

Il campo microscopico è a due dimensioni e solo con l'esperienza si impara a interpretarlo a tre dimensioni. Per esempio il nucleo delle cellule si vedrà come un cerchio o un'ellisse o a bordi irregolari, mentre invece è approssimativamente una sfera o un salsicciotto di forma varia di cui non vedi che sezioni. Il citoplasma lo vedrai come una superficie piatta, mentre invece questa non è che la sezione di un qualcosa di vagamente globoso. Dei processi cellulari vedrai soltanto la parte iniziale oppure ne indovini il decorso dall'apparizione discontinua di loro frammenti e per di più devi usare metodi adeguati alla loro dimostrazione a seconda del tipo di processi. Tutto questo e molto altro lo si impara con l'esperienza, cosicché con gli anni il tempo necessario per operare la conversione delle dimensioni, quando ti disponi a iniziare la seduta al microscopio, diminuisce sempre più. Comunque, quando ti siedi al microscopio un momento di rodaggio c'è sempre e poi la tua concentrazione si assesta con la liberazione della mente da ogni altro pensiero, se nessuno o niente ti disturba. Dopo alcuni minuti di osservazione hai l'impressione di essere entrato in quel mondo diverso, di cui ho già detto, e in cui i contesti cambiano a seconda degli ingrandimenti, e cambiano anche le regole che devi rispettare per esplorare gli oggetti esistenti nel campo.

Quando esamini il tessuto nervoso, per esempio, cominci con una visione generale a piccolo ingrandimento, che serve per orientarti e per sapere in che punto esattamente del sistema nervoso ti stai muovendo. Se usi subito un ingrandimento forte, ti trovi disorientato e non sai dove sei. L'esplorazione a piccolo ingrandimento è tanto necessaria quanto sapere in anticipo in che area del sistema nervoso ti trovi, poiché questo è morfologicamente eterogeneo. Su questo punto c'era un contenzioso fra i neuropatologi, che abitualmente esaminano solo il sistema nervoso, e i patologi, che lo fanno solo occasionalmente. I primi, a meno che non si tratti di diagnosticare tumori che richiede tempi rapidi per la diagnosi, dovendo procedere alla terapia post-chirurgica o addirittura alla continuazione di un intervento operatorio, hanno tutto il tempo necessario per mettersi nelle migliori condizioni di studio. I secondi, invece, abituati dalla *surgical pathology*, hanno tempi minimi nelle risposte diagnostiche. Questo fa sì che quando si deve esaminare un cervello all'autopsia, i neuropatologi pretendono che venga estratto e fissato *in toto* in un liquido adatto e sezionato dopo la fissazione onde avere una maggior consistenza dell'organo che, se sezionato fresco, si affloscerebbe come un semi-liquido e non consentirebbe più di riconoscere a occhio nudo le sue varie aree. I patologi invece sezionavano l'organo subito e questo si spalmava sul tavolo come ho detto e poi non riuscivano più a riconoscere microscopicamente le sue varie aree.

È molto importante sapere in anticipo dove ci si trova in un organo che ha per caratteristica una variegata composizione anatomo-funzionale. Naturalmente è indispensabile che l'esaminatore conosca a perfezione la composizione istologica del cervello, area per area. Per esempio, devi sapere come sono gli strati piramidali della corteccia frontale ascendente o il giro dentato dell'ippocampo e via discorrendo. Se si tratta invece di esaminare tumori la procedura cambia e questo problema scompare, ma se ne presenta un altro. Si tratta in genere di tumori eterogenei nella composizione e quindi il prelievo operatorio va esaminato tutto e non ci si può limitare a un prelievo del prelievo.

Dopo un'iniziale occhiata a piccolo ingrandimento, si passa a ingrandimenti maggiori e si procede al riconoscimento degli oggetti che saranno diventati differenti. La parola che ti viene in mente o che pronunci per davvero mentre ruoti il revolver degli obiettivi per inserirne uno più forte è "scendiamo!" oppure "andiamo giù". Quando bisogna arrivare ai mille o più ingrandimenti e si rende necessario l'uso del balsamo del Canada, chiamato "olio da immersione", da mettere tra l'obiettivo e il vetrino per evitare che l'aria rimasta deformi l'immagine per un diverso indice di rifrazione, ognuno ha la sua fraseologia. A me viene spontaneo dire "immergiamoci".

A mille ingrandimenti il mondo microscopico cambia ancora e gli oggetti hanno altre forme. L'esplorazione diventa lenta e sistematica, e per non lasciare inesplorata una parte del tessuto o per non esaminare due volte lo stesso campo, o per contare gli oggetti nel campo, lo si muoverà con le viti micrometriche secondo una greca che ti consente di spostarti in su e in giù e di lato, senza omettere punti del campo. È come nuotare lentamente in un liquido denso ma limpido e facendo attenzione che niente ti sfugga sul fondo. Mentre nuoti con circospezione in questo mondo silenzioso e noto, ma capace di celarti proprio quel mistero che stai cercando, riconosci e quasi ti sembra di toccare i vari oggetti, e usi il linguaggio della mente: questo è un neurone, ha un nucleo grande e chiaro e al centro c'è un pallino scuro che è il nucleolo, poi nel citoplasma riconosci le zolle di Nissl, che sono ammassi di poliribosomi (Fig. 27C). Dal neurone escono processi: "ecco, guarda, questo è il dendrite apicale con il suo cono di uscita e questi sono altri dendriti grossi, ma dov'è il neurite?" Spesso è piccolo ed esce dalla base del neurone che è triangolare nelle cellule piramidali. "Ah! Eccolo qua. Piccolo, sottile, questo è capace di arrivare al midollo lombare ed essere lungo più di un metro. Questo è un capillare rivestito di una sola cellula endoteliale. Accidenti, mi sto muovendo in un groviglio di processi e fibre e procedo a fatica. È il neuropilo. Sono tutti i dendriti e neuriti neuronali, più c'è il reticolo della glia, fitto. Sarà veramente il reticolo gliale normale? Non sono troppo fitti e grossi i processi? Potrebbe esserci una gliosi. Stai attento. Qua e là vedo i nuclei della glia e non mi sembrano aumentati di numero e poi non vedo i citoplasmi. Questo non vuol dire, perché potrebbe essere una gliosi fibrosa e non cellulata. Per essere sicuro devi mettere in evidenza la GFAP con un anticorpo". Questo è il regno della famosa "sostanza intercellulare" che cementa i vari costituenti, ma non si vede se non la si evidenzia con procedure chimiche o immunologiche particolari.

Parlando di questa "sostanza" non posso non ricordare un bravissimo neuropatologo italiano, Amico Bignami, con cui ne avevo condiviso l'interesse e la ricerca. Aveva spinto molto avanti le sue osservazioni ed era giunto a dirigere a Boston un noto centro di ricerca sul midollo spinale. Ricordo quella volta a New York, dove mi trovavo per un ciclo di conferenze, quando mi telefonò pregandomi di accettare di tenere un seminario sulla glia al mio ritorno in Italia in una certa città in sua sostituzione. Aveva preso un impegno, che adesso per motivi di forza maggiore non poteva onorare, e si sentiva in dovere di inviare qualcuno per mantenere la parola. Era un uomo di grande qualità in tutti i sensi e morirà precocemente in America per una brutta malattia. Ti ricordo Amico.

Qualche volta mentre stai compiendo l'osservazione al microscopio scopri dei punti da ristudiare con altri metodi di indagine. Devi segnare il punto da ristudiare con penna a inchiostro indelebile per poterlo rintracciare sul vetrino che allestirai per il nuovo metodo. Può darsi che tu abbia bisogno di più luce o meno luce e provvedi a variare l'illuminazione, oppure di maggiore o minore contrasto e allora apri o chiudi il diaframma e tante altre cose. Questi sono esempi di "nuotate" esplorative a forte ingrandimento, ma potrei farne all'infinito.

Fondamentalmente hai due problemi da risolvere: trovare la patologia e cioè individuare dove il paesaggio differisce per immagini in più o in meno o diverse dall'immagine mentale che è in te, frutto della tua esperienza, oppure se trovi o non trovi quello che era stato stabilito ci fosse o non ci fosse prima dell'esperimento. Ti troverai a dover riconoscere cioè non solo gli oggetti della normalità che ti diranno dove sei, ma quelli della patologia, che sono infiniti e che mi guardo bene dall'elencare.

È indispensabile avere le informazioni cliniche del caso, ma di questo dirò a parte perché è un capitolo troppo importante nella diagnostica patologica. Quello che invece è da sottolineare è che bisognerebbe astenersi dall'abbozzare diagnosi mentre si svolge l'osservazione e aspettare di avere raccolto tutti gli elementi. Ma questo è impossibile. Se stai facendo una seduta diagnostica con altri, tutt'al più puoi astenerti dall'emettere giudizi diagnostici, mano a mano che procedi nell'osservazione, per non influenzare i colleghi che studiano con te. È difficile trattenersi dall'emettere ipotesi in attesa di avere elementi per una diagnosi certa. L'interpretazione diagnostica che dai mentre riconosci gli oggetti del campo può essere mantenuta nel corso dell'osservazione oppure cambia con l'aumento del numero di oggetti esaminati. Può capitare che per avere la certezza della diagnosi finora raggiunta manchi un solo elemento. Allora lo devi cercare riesaminando attentamente tutto il vetrino per essere sicuro che non sia presente o che semplicemente non sia stato visto. Quella diagnosi che avevi già raggiunto *in itinere* non la puoi fare. Per esempio, emetti diagnosi di granuloma dopo aver ritrovato tutti gli elementi caratteristici della lesione, ma non hai trovato le cellule "giganti". Devi ripartire daccapo esaminando attentamente tutto e sapendo che di solito queste sono poche, si trovano in prossimità delle necrosi e qualche volta non sono così "giganti".

Ci sono delle malattie che si caratterizzano non per l'abbondanza della patologia, ma per la presenza di segni caratteristici, anche se spesso rari. Fra queste ci sono le demenze che di solito mostrano in primo piano una perdita di neuroni e in tono minore specifiche patologie. Spesso sono di diagnosi molto difficile. Accenno solo a titolo di esempio alla differenziazione fra l'invecchiamento normale e la demenza di Alzheimer, alla demenza con corpi di Lewy. In quest'ultima i famosi "corpi" possono essere molto frequenti ma anche molto rari e trovarsi nella corteccia e spesso bisogna ricercarli a lungo (Fig. 28A). Ho un ricordo personale proprio su questa malattia. Mi trovavo parecchi anni fa presso la Duke University a Durham (North Carolina) e partecipavo con Peter Burger a una seduta diagnostica. Un caso aveva tutti i sacri crismi clinici della demenza da corpi di Lewy con sintomatologia psichiatrica, demenza e decorso rapido, ma non si trovavano i corpi. Esaminato il vetrino, Peter scuoteva il capo e diceva "again" e ripartiva con una nuova esplorazione del vetrino. Alla quarta ripetizione, eccolo! Occhieggiava debordando da un neurone e Peter esultò alzando le braccia con i pugni chiusi in segno di vittoria: "OK, we got it".

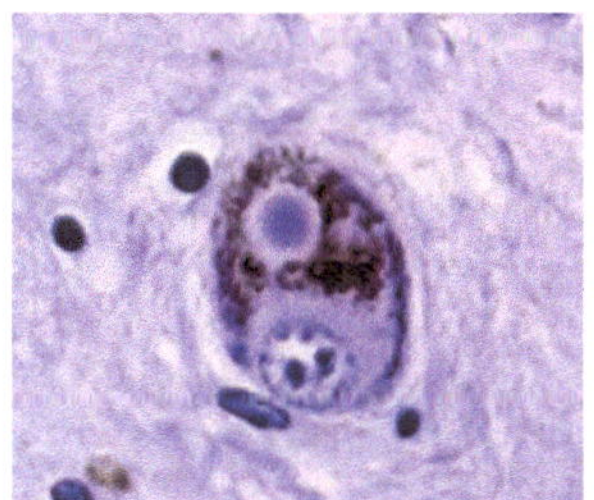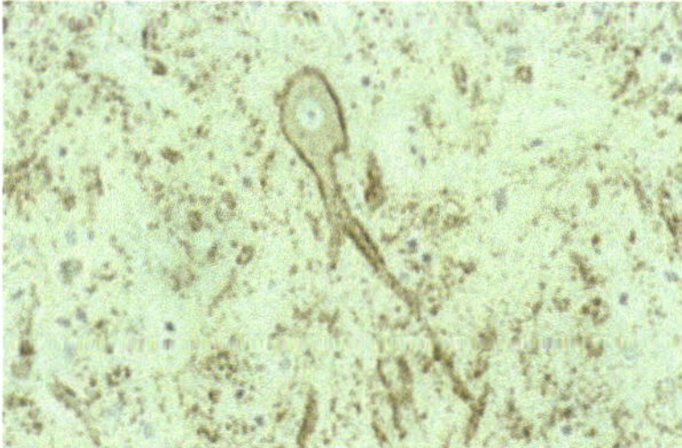

Fig. 28 A *corpo di Lewy;* **B** *neurone con la sinaptofisina*

Ho detto che la diagnosi neuropatologica delle demenze è difficile e lo è tanto più quanto meno si dispone di una cartella clinica ben fatta. Diceva un vecchio aforisma:"un cervello senza cartella clinica vale quanto una cartella clinica senza cervello", ed è proprio così. Quanto maggiori sono le informazioni cliniche a disposizione del patologo – e quanto maggiore sarà la sua sollecitazione presso i clinici a fornirle – tanto maggiore sarà la precisione diagnostica. Spesso infatti non sarà la specificità delle lesioni trovate a dare la chiave di lettura diagnostica del caso, ma la localizzazione di lesioni poco specifiche, come per esempio la perdita neuronale, che ha una netta corrispondenza con la sintomatologia e il decorso della malattia. Spesso è del tutto inutile voler cavare dal microscopio quello che il microscopio non può dare.

Adesso devo parlare dei tumori cerebrali. Si tratta di lesioni con un'eterogeneità e un polimorfismo incredibili e questo ha giustificato gli anni spesi alla loro classificazione, che per molto tempo ha rappresentato la via maestra per capirne i meccanismi e lo sviluppo, come è già stato detto. Ricordo soltanto che negli anni Cinquanta e Sessanta del secolo scorso la conoscenza dei tumori è stata dominata dal grosso volume di Zülch[1], patologo di Colonia, dedicato interamente alla classificazione dei tumori cerebrali. Tutto il mondo vi ricorreva per consultazioni ed era citatissimo, anche se non mancavano detrattori, come di regola. Negli anni Settanta e Ottanta fu invece il trattato di Russell e Rubinstein[2] a guidare la nomenclatura e ad assistere i patologi nella diagnostica. Ho fatto in tempo anch'io a scrivere un trattato[3] sui tumori cerebrali, ma già in parte svincolato dalle ferree leggi della sola nomenclatura e aperto all'immunoistochimica e alla biologia molecolare in pieno sviluppo. Successivamente sono comparsi altri trattati validissimi.

Nei tumori cerebrali, gli oggetti da identificare e riconoscere nel campo microscopico sono infiniti. Vi è una varietà di forme, dimensioni e colori incalcolabile che dà all'osservatore, non appena si affaccia al campo microscopico, l'impressione del caos.

---

[1] Zülch H. *Biologie und Pathologie der Hirngeschwülste*, Springer, Berlino, 1956.
[2] Russell D, Rubinstein L. *Tumors of the nervous system*, Arnold, Londra, 1989.
[3] Schiffer D. *Brain tumors: biology, pathology and clinical references*, Springer, Berlino, 1993-1997.

Sarà difficile trattenere un'esclamazione di sorpresa che varia a seconda del temperamento e del *self-control*. Si va da "urca" o "accidenti" al "vediamo un po'" di chi non nasconde la perplessità. Poi si cerca di fare ordine nella propria mente e di attenersi a regole introitate da tempo. Quello che consente di primo acchito di introdurre un certo ordine che condurrà poi a riconoscere i tipi tumorali e a stabilirne il grado di malignità è la ricerca di combinazioni delle tre componenti, forma, dimensione e colore, che devono trovare corrispondenza con modelli mentali precostituiti. Sia il riconoscimento degli oggetti, sia l'interpretazione legata a esso, sia l'interpretazione diagnostica finale sono fortemente ancorate e dipendenti dall'esperienza specifica, che si esprime in infinite categorie, come è già stato detto nel capitolo precedente. Maggiore è l'esperienza, con tutte le possibilità di errore che essa comporta, maggiore sarà la capacità di riconoscere, catalogare e soprattutto formulare ipotesi da confrontare.

Immaginiamo di sederci al microscopio e di dover diagnosticare il tumore che, sotto forma di una sezione dello spessore di 5 micron, sta fra i vetrini porta- e copri-oggetto sotto gli obiettivi. A piccolo ingrandimento si vedrà come confina con il tessuto sano, se ha architetture particolari, se ha grosse necrosi o grossi vasi, etc. "Scendendo" e cioè aumentando l'ingrandimento si valuterà il numero e la grandezza delle cellule e dei vasi, le necrosi, etc. e poi ancora le caratteristiche delle cellule e, oggi, soprattutto quei prodotti colorati frutto di reazioni chimiche spontanee o indotte che rappresentano l'estrema artefattualità e insieme tecnicismo che scienze più di base recentemente introdotte nella patologia hanno portato. Parlo principalmente dell'uso di anticorpi.

La diagnosi dei tumori è difficile e l'esperienza specifica è molto importante. Avere in mente i modelli cui confrontare gli oggetti nel campo, dare un'interpretazione ed emettere ipotesi è l'*iter* da seguire. Ma, allora, ci si chiede, può un patologo diagnosticare un tumore raro che non ha mai visto prima? La risposta è sì. Purché abbia acquisito i *patterns* con lo studio e li abbia integrati nel suo vissuto scientifico e possa usarli come immagini mentali da raffrontare con gli oggetti nel campo. Certo, l'esperienza dà un grande aiuto, non solo nel riconoscere gli oggetti ma anche nel formulare ipotesi. Altra domanda: un patologo molto esperto, con un grande vissuto, può sbagliare? Sì, può sbagliare. Saranno errori diversi da quelli di un principiante, e sicuramente saranno in numero minore. Se si escludono quelli dovuti a condizioni che esulano dall'osservazione, come per esempio l'insufficienza del campione da esaminare, la cattiva colorazione della sezione o la sua cattiva fissazione o disidratazione o altro, gli errori verranno compiuti per meccanismi molto complessi, in genere basati su mancati o falsi riconoscimenti, non esclusa una componente emotiva del vissuto proveniente dalla memoria implicita collegata. Possono anche esserci intoppi iponoici e ipobulici legati alla stessa esperienza specifica, non necessariamente alla vita emotiva dell'individuo. Degli errori da condizioni extra-osservazionali il patologo è pur sempre responsabile, perché non deve accettare di esaminare un campione se non nelle migliori condizioni possibili.

Gli esami che può fare un esperto osservatore, di lunga carriera, sono infiniti. Questa però non lo mette al riparo da possibili errori. Vi era, presso una università di New York, un collega molto bravo, anche se un po' arrogante e poco conciliante. Un bel giorno decise di dedicarsi allo studio di un tipo particolare di tumore e raccolse una bella collezione di casi che pubblicò. Divenne noto come esperto per quel tumore e molti colleghi gli inviavano preparati di dubbia diagnosi in consultazione. Si accorsero però dopo un po' di tempo che il numero di tumori di quel tipo diagnosticati da lui era eccessivo. Riconosceva quel tipo tumorale anche dove ne mancavano le caratteristiche. Aveva indubbiamente subito una sorta di inflazione psichica per quel tumore e questo ovviamente denunciava un piccolo disturbo di critica. In gergo si direbbe che "si era lasciato prendere la mano". Questo era stato possibile perché, allettato dalla facilità con cui diagnosticava quel tumore, aveva allentato il rigore nell'osservazione. Quanta gente ha piccoli disturbi di critica di questo tipo da eccesso di routine oppure che si evidenziano soltanto in condizioni estreme o di *stress*? Molti patologi sono consapevoli di questa possibilità e quando hanno dei dubbi non li mettono a tacere fidandosi della loro grande esperienza. Preferiscono consultare colleghi, senza con questo sentirsi sminuiti nella professione, oppure includono i dubbi nella diagnosi finale e cioè contemplano le possibilità diagnostiche ordinate in base alla loro probabilità di essere nel vero.

Che il disturbo di critica possa coincidere con o dipendere da un eccesso di confidenza dovuto alla grande esperienza va ribadito. Faccio un altro esempio, teorico ed emblematico. Per riconoscere un neurone di solito voglio vedere il nucleo vescicoloso, il nucleolo bene evidente e le zolle di Nissl o aspetti equiparati. Se mi trovo in un tessuto con mille forme cellulari queste caratteristiche diventano una *conditio sine qua non* per riconoscere i neuroni. Non sempre i neuroni si trovano così interi nei tessuti; spesso sono incompleti: non si vede il nucleolo oppure il nucleo. Se ho fatto grande esperienza di neuroni inclusi nei tumori riconoscerò come tali anche cellule che non hanno tutte le caratteristiche richieste. Riconoscerò come neuroni, accanto a quelli legittimi, anche quelli incompleti, perché in altre occasioni sono risultati essere dei neuroni, frammisti a quelli veri che pertanto li hanno legittimati. L'eccesso di confidenza consiste nel fatto che tenderò a riconoscere come neuroni cellule che in parte rassomigliano loro, ma che possono benissimo essere cellule tumorali che, nell'infinita varietà di forme, dimensioni e colori che si riscontra nei tumori, realizzano casualmente una combinazione morfologico-tintoriale rassomigliante a un neurone incompleto che verrà pertanto identificato per eccesso di confidenza.

°○○ Le quantificazioni

La matematizzazione della natura di Galileo Galilei e la legge di Isacco Newton sulla gravitazione universale hanno messo la natura intera, il cielo e la terra, sotto leggi "immutabili" ed esatte e hanno aperto le porte al pensiero scientifico moderno. In esso la scienza ha utilizzato il linguaggio quotidiano rendendolo specifico con l'introduzione della standardizzazione e della formulazione di ipotesi. La scienza moderna ha cercato l'esattezza attraverso i numeri. Di questo ci siamo resi conto negli ultimi decenni con la necessità di introdurre misure e controlli nella produzione scientifica e il vaglio dei risultati con metodi matematico-statistici. Dal punto di vista pratico, la necessità delle misure è diventata un criterio per la valutazione dei lavori scientifici che i *reviewer* delle riviste scientifiche usano regolarmente, molto di più che in passato. Un amico americano aveva mandato a un'importante rivista americana un lavoro; un bel lavoro con osservazioni originali su certe particolarità di un tumore, il medulloblastoma. Il lavoro era stato respinto. Gli avevo chiesto quali erano state le motivazioni della non accettazione da parte della rivista. Mi aveva risposto: "they want numbers".

Se dovessi pubblicare un lavoro oggi scrivendo di aver trovato in una certa struttura nervosa dei neuroni più piccoli e indicando la motivazione, la risposta della rivista sarebbe: di quanto più piccoli, come li hai misurati, tutti più piccoli o in quale percentuale? Con minore considerazione sulle cause e il significato dell'anomalia. La necessità di quantitazione è venuta crescendo con l'arricchimento della patologia con l'istoenzimologia, l'immunoistochimica e la biologia molecolare. Ricordo quando prese sviluppo l'istoenzimologia e vi fu un fiorire di lavori sugli enzimi che contribuì non poco alla chiarificazione di molti meccanismi patogenetici. A un certo momento non fu più sufficiente dire che un certo enzima partecipava o no a un certo processo; bisognava esprimere il dato quantitativamente, indipendentemente dal dover distinguere l'attività enzimatica dalla proteina enzima che poteva essere semplicemente impilata nelle cellule e non attiva, ma sempre in termini di quantità. Per una valutazione quantitativa delle proteine svelate con un anticorpo di solito si può ricorrere al sistema del calcolo delle percentuali di cellule positive, stabilendo i siti positivi in base a una *visual analysis*. Oppure se tutte le cellule sono positive o limitatamente a quelle positive si può ricorrere al sistema dei +. Meglio ancora valutare la quantità di mRNA con metodi di biologia molecolare e associarla allo studio dell'espressione genica con tecniche sempre di biologia molecolare. Ultimamente le tecniche sono più sofisticate con l'uso dei profili di espressione genica, i *microarray*, anche proteici, l'uso sperimentale dei siRNA, la valutazione dei microRNA e via discorrendo e tacendo sul sistema complicato dei controlli e sull'applicazione di metodi matematico-statistici. Non c'è più oggi un lavoro scientifico che non finisca con diagrammi, istogrammi, tabelle quantitative e metodi statistico-matematici.

La quantizzazione ha investito anche la semplice conta delle cellule o l'ha resa più sofisticata per l'introduzione di metodi rigorosi, computerizzati e statisticamente controllati. La conta delle cellule o di altro serve per produrre indici di qualcosa che sono percentuali di elementi che hanno una determinata caratteristica, oggi ormai ampiamente in uso in ricerca e nella diagnostica patologica. Basti pensare agli indici di proliferazione nei tumori, fra i quali il più usato è il Ki.67/MIB.1. Vi sono ormai metodi automatici, computerizzati per la lettura che fanno risparmiare tempo e sono più esatti, almeno con certe riserve, perché non tutti sono d'accordo che la conta automatica sia più precisa sempre rispetto a quella manuale.

La conta ha sempre avuto un ruolo fondamentale, specialmente nella valutazione di certe patologie, soprattutto per esempio nello stabilire quando una certa patologia clinica era da attribuire alla perdita di neuroni. Ricordo che una perdita cellulare al di sotto del 30% è difficilmente rilevabile dall'occhio umano e quindi bisogna ricorrere alle conte, e infinite discussioni riguardarono l'attendibilità della conta dei neuroni corticali o anche in altre aree cerebrali. Il metodo richiedeva precauzioni infinite verso possibilità di errori metodologici che avrebbero potuto inficiare i risultati. Talora questi risultati avevano implicanze fondamentali in tema di correlazione morfo-funzionale nel sistema nervoso. In un lavoro scientifico che dev'essere pubblicato, la tecnica della conta è accettata se viene ritenuta uguale o equivalente a quella che in quel momento è riconosciuta universalmente oppure da quel gruppo di persone che deve esprimere il giudizio. Se, cambiando i parametri, si arriva al cambio della validità delle tecniche, la conta prima accettata non è più valida. Oppure se la valutazione della tecnica viene effettuata nel momento in cui stanno cambiando i parametri, tutto dipenderà dal fatto che chi deve esprimere il giudizio li abbia già cambiati o no. Un lavoro può essere respinto per una tecnica non più o non ancora valida. Bell'affare.

Ricordo la grande discussione sulla differenza di peso fra il cervello maschile e quello femminile, che è circa di 200 grammi, e sull'importanza funzionale di questa differenza. Il maggior peso del cervello maschile poteva significare che l'uomo avesse più neuroni per mm^3 della donna. Il problema si inseriva in quello più generale sulla grandezza e densità dei neuroni nelle varie specie animali e sulla loro arborizzazione dendritica in rapporto alle varie aree corticali. Vi fu negli anni Sessanta un grosso lavoro di Barasa[1] che studiò il problema in una serie di specie animali e in molte aree cerebrali. Più che differenze di grandezza fra neuroni erano quelle delle arborizzazioni dendritiche che potevano essere discriminanti. Ricordo che in un congresso ad Amburgo una ventina di anni fa vi fu una relazione del professor Haug, noto anatomico tedesco, il quale trovò, dopo applicazione di metodi rigorosi, che la donna aveva circa mille neuroni in più per mm^3 rispetto all'uomo. Stupore generale. Qualcuno obiettò che forse erano più piccoli e questo comportava un minore numero di sinapsi, che erano in fondo quelle che contavano nell'intelligenza e nelle prestazioni in genere del sistema nervoso. Numero di neuroni o loro grandezza? Sorse quindi il problema della conta delle sinapsi, che è possibile, ma metodologicamente molto difficile e con alta pro-

---

[1] Barasa A. Form, size and density of the neurons in the cerebral cortex of mammals of different body sizes, *Zellforsch Mikrosk Anat* 1960; 53: 69.

babilità di essere inaffidabile. Oltre a tutto le sinapsi non sono fisse, ma subiscono variazioni in dipendenza dell'esperienza, come aveva dimostrato Ramon y Cajal[2] e come dimostrerà poi Kandel[3]. Mi ero molto divertito a osservare l'espressione del viso di molti maschi presenti alla discussione, punti sul vivo dall'affermazione di Haug che poteva gettare un'ombra di dubbio sulla supremazia intellettiva del maschio. Haug se la rideva sotto i baffi mentre esponeva i suoi risultati, sicuro di aver gettato un "sasso in piccionaia".

Un altro esempio dell'importanza delle conte neuronali al microscopio si ha nella Sclerosi Laterale Amiotrofica che si caratterizza per la perdita di motoneuroni nelle corna anteriori del midollo e nella corteccia motoria. Nella conta è necessario rispettare determinati parametri: spessore della sezione, sua inclinazione di taglio, criteri per accettare nella conta i neuroni incompletamente visibili, etc. Più difficile ancora è la conta dei neuroni nella corteccia motoria, dove è ancora meno attendibile.

Il problema della quantitazione nelle valutazioni del sistema nervoso non c'è soltanto nelle osservazioni al microscopio, ma anche in quelle macroscopiche, che poi si risolvono sempre nelle conte microscopiche. Un problema della massima importanza fu quello della lunghezza della scissura di Silvio e della sua branca ascendente nei primati e nell'uomo, e quello collegato del piano temporale che tanta parte ha svolto nella discussione sul linguaggio.

Un cenno ancora meritano quelle misurazioni microscopiche che possono fornire o meno differenze significative di quantità oggettuali che possono essere accettate o meno come innovazione scientifica. A titolo di esempio cito la ricrescita assonale, il cosiddetto *sprouting*, la cui esistenza ci può dire se vi è o meno una rigenerazione assonale. Questo è un problema fortemente dibattuto in questi ultimi venti anni, perché nasce dai tentativi dell'uomo di fare rigenerare un neurone pur partendo dal concetto base che i neuroni sono elementi nobili e perenni e quindi non possono rigenerare come la coda delle lucertole. Esistono montagne di lavori che sostengono dati contrastanti e disparati. Si può subito dire che una rigenerazione nel vero senso del termine e così

---

[2] Cfr. Cajal.
[3] Cfr. Kandel.

evidente da non richiedere conferme con misure non c'è mai. Nei vari esperimenti l'allungamento dell'assone non supera mai l'ordine di grandezza dei micron o dei millimetri. Ricordo l'invito che ricevetti a visitare i laboratori di un'importante casa farmaceutica italiana del nord-est dove in un laboratorio superdotato si studiava lo *sprouting in vitro* ed era stato dimostrato come il neurite di certi neuroni si allungava con l'uso di certi farmaci. Avevo voluto controllare al microscopio l'allungamento del neurite, ma sinceramente non lo avevo rilevato in confronto ai controlli. Mi dissero che il dato emergeva soltanto statisticamente come media dopo misurazioni fatte in ripetuti esperimenti il valore del cui p era significativo. Era ovvio, poiché sapevo che una variazione quantitativa al microscopio per essere captata dall'occhio umano deve superare il 30% del valore. Giustissimo. In scienza quello che deve contare non è l'ampiezza del fenomeno, che può aumentare col progresso e l'affinamento tecnico, ma l'esistenza del fenomeno. Da moltissimi lavori della letteratura risulta che soltanto la significatività del p o di coefficienti consimili conferisce validità a un determinato dato ottenuto. D'altronde la scienza procede a piccoli passi e raramente per "scoperte" che non hanno bisogno del p. Certo, non è la stratificazione dei dati nel tempo che la fa progredire, ma è il cambiamento dei parametri che avviene per l'accumulo di osservazioni concordanti su un certo punto che rende i dati scientifici non più veri. Kuhn[4] e il fallibilismo di Popper[5] non sono trascorsi invano, sempre che i concetti da loro espressi non si ritorcano sulle loro stesse conclusioni. Se Popper propone il fallibilismo come dato scientifico, allora esso è storicamente determinato e quindi risulterà fallace nel giro di qualche tempo. E allora basta aspettare, avendone il tempo? Per concludere sul problema della rigenerazione, bisogna dire che la sperimentazione ha finora dimostrato che è possibile e che si svolge, in forte dipendenza dell'ambiente, regolata da segnali. Non mancano brillanti dimostrazioni, anche dei suoi meccanismi[6]. Purtroppo finora la rigenerazione nel sistema nervoso centrale non ha dimostrato di produrre effetti clinici.

---

[4] Kuhn S. *La struttura delle rivoluzioni scientifiche*, Einaudi, Torino, 1999.
[5] Popper K. *Logica della scoperta scientifica. Il carattere autocorrettivo della scienza*, Einaudi, Torino, 2010.
[6] Rossi F. Relazione all'Accademia di Medicina di Torino del 7 novembre 2010.

Certo, altro sarebbe se si trovasse al microscopio qualcosa di estremamente chiaro e di dimensioni indubitabili; non ci sarebbe bisogno di ricorrere al *p*. Quando ero in Germania a lavorare nell'Istituto di Vogt discutevo spesso con la Dorothèe Beheim-Schwarzbach, ricercatrice di cui ho già parlato. Studiava i gangli della base alla ricerca di qualcosa di nuovo nelle varie patologie. Un giorno mi disse che gli sforzi che faceva non trovavano un corrispettivo gratificante e "se invece di trovare sempre piccole cose, che non sai mai se sono significative o no, trovassi una buona volta un neurone, anche uno solo, ma in mitosi, mi sentirei appagata di tutto". Povera Dorothèe, non è così che va la scienza… con qualche eccezione e, se anche lo si trovasse il neurone in mitosi, bisognerebbe poi dimostrare intanto che sia un neurone normale e in un contesto normale, che non sia un artefatto e via discorrendo.

Certamente la quantitazione è di importanza fondamentale nelle scienze biologiche ed è venuta crescendo nella pratica della ricerca. La matematica come ausilio a una maggior concretezza nella ricerca e a una sua maggior efficacia quindi non si discute. In certi campi poi, come quelli della biomatematica, quali studi di popolazione, immunologici, di distribuzione di dosi, dei fattori di rischio e molti altri fino alla biologia computerizzata e informatica in cui il fine ultimo è quello di ricavare algoritmi da applicare per risolvere problemi puramente biomedici, l'importanza della matematica sembra superare il semplice ausilio alla biologia. Mi domando, però, come si rapporta tutto questo al concetto galileiano della matematica come linguaggio per esprimere le leggi biologiche? Probabilmente non si rapporta, ma gli è molto vicino. Non sono un filosofo e tanto meno un matematico, ma il rilievo della sempre maggior importanza della matematica in biologia verificatasi negli ultimi decenni mi ha condotto a ripensare alle discussioni che avvenivano quarant'anni fa nei nostri ambienti sull'applicazione della fenomenologia di Husserl.

La riduzione fenomenologica in psichiatria era diventata a un certo momento uno strumento per la comprensibilità del comportamento dei pazienti che finiva là dove iniziava la dissociazione schizofrenica. Le opere di Husserl[7] e quelle dell'incomprensibile

---

7 Husserl E. *La crisi delle scienze europee e la fenomenologia trascendentale*, Il Saggiatore, Milano, 1961; Id. *Ricerche logiche*, Il Saggiatore, Milano, 1968.

Heidegger[8] erano le più lette nei reparti psichiatrici. A un certo momento ebbe una certa eco negli ambienti scientifici l'opera di Husserl, pur essendo antecedente a Heidegger, la *Crisi delle scienze europee*, che a noi, non addetti ai lavori, non sembravano affatto in crisi. Come dice Guido Caniglia[9] all'inizio delle sue considerazioni su Husserl, il problema degli scienziati è sempre stato quello dell'essente e cioè di ciò che sta al di là dell'esperienza sensibile, e ricorda come Husserl, confutando Galileo, lo accusava di voler sostituire il mondo reale con il mondo matematico-ideale e di voler matematizzare i *plena*. I *plena* sensibili sarebbero cioè l'insieme delle proprietà non estensionali che contribuiscono alla costituzione della "cosa" e sono causali. Le idealità esatte dovrebbero sostituire l'essenza ultima del reale. In questo modo si misconoscerebbe del tutto il ruolo dell'esperienza il cui mondo non può essere sostituito dal metodo misurativo. In definitiva il mondo verrebbe desoggettivizzato per eliminazione del soggetto, mentre i *plena* matematizzati non sarebbero per contro l'essenza ultima della realtà. Se il libro della natura fosse scritto veramente con forme geometriche o formule non esisterebbe l'autore, perché dovrebbe essere un soggetto che esperisce matematicamente. Il *mondo-della-vita* non può essere sostituito secondo Husserl dal *mondo-vero-in-sé* della scienza.

Non so se con questa concezione Husserl rivendicasse alla filosofia la prerogativa di costruire la scienza in base alla ragione filosofica, anche se non aveva molta stima dei filosofi suoi contemporanei. Qui bisognerebbe analizzare il momento storico in cui operò Husserl, il suo allontanamento dall'università per motivi razziali, cui non fu estraneo lo stesso Heidegger, il suo operare da solo e la modesta accoglienza che ebbe il suo filosofare. Non fu capito quando propugnò una universalità scientifica fondata sull'intersoggettività. Ma non è questo che interessa qui.

Vorrei soltanto capire fin dove si può spingere la considerazione di Husserl sulla matematizzazione dei *plena*, fin dove cioè

---

8 Cfr. Heidegger.
9 Caniglia G. *La matematizzazione dei plena. Un esempio di analisi fenomenologica*, Annali del Dipartimento di Filosofia (Nuova serie) XII (2006), pp. 119-144, Firenze University Press, Firenze, 2007.

secondo lui la trasformazione geometrica o matematica inficerebbe l'esperienza della "cosa". Fino a che punto si può usare la matematica come ausilio in biologia e quando questa invece sostituisce l'esperienza? Forse tutto il problema rimane chiuso in quello dell'"essente" e della sua esprimibilità e non ha nulla a che vedere con il prezioso aiuto della matematica nel nostro lavoro quotidiano di ricerca. Rimangono però due osservazioni da fare. La prima riguarda quei ricercatori matematico-informatici che pretendono di approcciare e risolvere grandi problemi biomedici, come il cancro, la durata della vita e altri, cercando di ottenere adeguati algoritmi dal computer alimentato con dati biologici e di biologia molecolare ottenuti nella solita maniera. Come fanno a fidarsi degli algoritmi se non conoscono tutti i dati bio-molecolari dai quali questi dovrebbero emergere? Come fanno a pensare che il cancro possa essere risolto da algoritmi cui concorrono dati biologici la cui conoscenza non l'ha risolto. Sembra che vogliano risolvere problemi attualmente insolvibili semplicemente elaborando dati nel computer la cui incompletezza è proprio il motivo dell'insolubilità dei problemi.

La seconda osservazione riguarda il culto del quantitativo per cui se un lavoro scientifico ha rispettato la metodologia ed è in regola con la quantitazione dei dati, tanto più quanto più questi sono ottenuti con procedure complesse – tenendo conto che più complesso è un metodo tanto maggiore sarà la possibilità di errore – ha più probabilità di essere accettato di un altro, anche se i dati prodotti sono di scarsa utilità o inconsistenti. Se ne parlerà ancora a proposito delle riviste scientifiche. Quanto è stato detto è forse un segno di crisi nell'avanzamento della scienza oggi?

Pubblicare i lavori

Un grosso problema per i ricercatori è riuscire a pubblicare "bene" i loro lavori. Bene significa pubblicarli su riviste di prestigio e cioè che abbiano alta diffusione, un *editorial board* di nomi famosi, una *peer review* e adesso un *impact factor*, abbreviato IF, alto. L'IF è un valore numerico che un'agenzia apposita dà alle riviste sulla base del numero di lavori che pubblica su ogni fascicolo, sul numero di fascicoli che escono in un anno e sul numero delle citazioni dei lavori. In pratica è una valutazione della rivista e non dei lavori. Per avere un IF alto la rivista deve limitare il numero di lavori pubblicati e quindi stabilisce un *cut-off* nelle accettazioni che fa in base a criteri prestabiliti e al commento dei *referee*. Questi sono scelti dalla rivista in base alla competenza per cui sono noti nei vari campi. L'esito della valutazione dipende anzitutto dalla bontà del lavoro inviato e in secondo luogo dalla capacità o dai criteri di valutazione dei *referee*. Su questo punto c'è molto da discutere, perché entrano in gioco sicuramente la loro competenza, ma anche le loro qualità caratteriali, la profondità dell'analisi e l'obiettività di giudizio che non sempre sono soddisfacenti.

In primo luogo esistono le mode scientifiche che variano nel tempo e sono queste a decidere come un dato risultato va ottenuto. In secondo luogo, fra le procedure tecniche per ottenere un certo risultato e l'importanza del risultato stesso dovrebbe essere privilegiata quest'ultima, sempre che le procedure siano attendibili, ma talora non è così, perché la procedura è quasi sempre dirimente. Spesso i ricercatori, specie i più bravi, sono permalosi e al solo pensiero che qualcuno abbia pensato di lavorare sullo stesso loro argomento li irrita. Altre volte i lavori non vengono letti attentamente. Fermo restando che per lo più i giudizi sono corretti, capita anche che sia il *chief* editore a respingere un lavoro che non era stato respinto dai *referee*. La formula di rigetto è spesso: "it did not reach priority enough". L'uso dell'IF trasferito dalla rivista ai lavori è diventato prassi nei concorsi di vario tipo, specie universitari o per avere finanziamenti. Praticamente sostituisce la valutazione diretta dei lavori presentati o perché così si risparmia tempo, consentendo ai commissari di non leggere i lavori, oppure per incompetenza della commissione esaminatrice oppure per affidare il compito a persone competenti. Teoricamente, se un lavoro è accettato da una rivista, dovrebbe essere sufficiente garanzia la *peer review* e una forma aggiuntiva di valutazione dovrebbe essere quella diretta del lavoro.

Da più parti si sono levate voci contro l'uso diretto dell'IF per la valutazione dei lavori; persino l'*Economist* ha ospitato un lungo articolo in cui veniva stigmatizzato un uso, talora improprio, dell'IF e si accennava a un controllo di cui ho letto qualcosa altrove. Sono stati seguiti i lavori pubblicati durante un certo anno dalla più prestigiosa rivista internazionale che ha un IF elevatissimo ed è stato osservato che a distanza di due anni la metà erano diventati obsoleti: non avevano cioè prodotto alcun seguito nel mondo scientifico e questo significa che o i risultati non sono stati riproducibili oppure che non avevano importanza. Non bisogna dimenticare che le varie riviste seguono una politica mirante a incrementare la loro valutazione nel mondo. Con l'uso dell'IF il metodo migliore è limitare i lavori che giungono per la pubblicazione. Personalmente sono *reviewer* in più riviste internazionali. Qualche rivista quando mi invia lavori da rivedere per la pubblicazione mi ricorda che è sua regola respingere il 30% o il 40% dei lavori, spingendomi in questo modo a essere molto stretto nel giudizio, anche quando il lavoro è buono. Il calmiere di solito è il giudizio del *chief* con la formula della *not priority enough* che può essere basata anche sul giudizio dei *reviewer* a cui è richiesto di dare un punteggio di priorità: *high*, *medium* o *low*.

°○○ L'attenzione

Non è utile guardare al microscopio senza usare la massima attenzione e soprattutto bisogna sapere, prima ancora di sedersi al microscopio, che cosa si vuole vedere. Bisogna esercitare l'attenzione che è un elemento condizionante la percezione visiva. Lo sanno bene i patologi e chiedete loro come gradiscono di dover rispondere a qualcuno che li interpella mentre, curvi sul microscopio, stanno concentrati a depistare qualche patologia. L'attenzione è la nostra capacità di focalizzazione sia del pensiero su un argomento sia della vista su un oggetto, filtrando il resto. L'attenzione visiva di solito coincide con la visione foveale. Con ciò non è detto che oggetti nel campo periferico non possano essere visti. Se qualcosa ci distrae, la nostra attenzione automaticamente si sposta sul nuovo oggetto. Sappiamo dalla neuropsicologia che l'occhio nell'esplorare un oggetto compie rapidi movimenti chiamati saccadi o microsaccadi che rinnovano l'immagine retinica e impediscono che scompaia per latenza. Le saccadi si appuntano sull'oggetto scelto dalla mente. Teniamo conto che esiste un'attenzione "periferica" che ci consente di cogliere o almeno di non perdere ciò che è periferico rispetto al punto di fissazione.

Ormai si sa tutto sull'attenzione, sui fattori che l'attivano, che poi sono quelli che l'attraggono, e quelli che la limitano come l'inattenzione, il sovraccarico attenzionale e il cosiddetto *priming*. Questo significa che uno stimolo influenza la risposta a stimoli successivi sia in senso positivo sia negativo. C'è poi un fenomeno, molto importante, che è la percezione subliminale o sotto soglia, che si esercita quando uno stimolo sfugge al filtro dell'attenzione, ma viene percepito ciononostante. Questo fenomeno è stato forse troppo enfatizzato e certamente sovrastimato e oggi non sembra accertato che esistano veramente messaggi occulti. Il fenomeno era stato sovrastimato nel campo della pubblicità. Per esempio, era stata ipotizzata la possibilità al cinema di spingere il pubblico a comperare bevande per l'esistenza nella pellicola di fotogrammi occulti e cioè rapidissimi, come nell'esperimento di Vicari. Ma non sembra che ciò sia del tutto vero. C'è però la possibilità di influenzare il giudizio di persone mediante il *priming* o sfruttando la cosiddetta "vividezza".

Nell'osservazione al microscopio tutti questi fenomeni possono essere validi, ma conta soprattutto la decisione, quando ci sediamo allo strumento, su che cosa dobbiamo voler vedere. Vogliamo semplicemente vedere tutti gli oggetti che sono nel campo oppure cerchiamo un oggetto in particolare? Nel primo caso procediamo regolarmente al riconoscimento di tutti gli oggetti, li denominiamo ed emettiamo il giudizio. Nel secondo caso abbiamo in mente l'oggetto da riconoscere che, identificato, fungerà da figura rispetto al fondo. Questa considerazione si presta a ridiscutere la diatriba fra empiristi e razionalisti, perché sposterebbe l'ago della bilancia in favore degli ultimi. In fin dei conti è sempre la mente che riconosce gli oggetti, ma per fare questo deve essersi formata l'immagine mentale in base a precedenti percezioni dell'oggetto. Come dice Merleau-Ponty.

Fondamentale, ma quasi impossibile nelle nostre abituali condizioni di lavoro, è la norma, per esperienza personale considerata validissima, che chi si siede al microscopio per discriminare una realtà non dev'essere distratto dall'ambiente esterno e interno, intendendo per il primo la stanza dove sta l'osservatore e per il secondo il suo stato psico-emotivo.

Non c'è niente che disturbi di più l'osservazione al microscopio che una radio accesa irradiante parole o musica. In molti laboratori non è raro che durante il lavoro il personale tenga la radio accesa. Questo può essere distensivo per chi sta compiendo un lavoro ripetitivo o non così impegnativo da non consentire il sovraccarico attenzionale. Ma per chi è impegnato a decriptare il mondo microscopico è disturbante, specie se la musica è piacevole. Ma forse non è esattamente così. Disturba la musica fortemente ritmata, specie con gli strumenti a percussione al massimo volume, seguita dalla canzone cantata, anche se sono le parole che disturbano, specie se intelligibili, perché catturano di più la nostra attenzione. Disturba di meno la musica sinfonica o da camera. Bach e i concerti brandeburghesi o gli oratori, se tenuti a un volume modesto, possono addirittura favorire la concentrazione con la loro armonia discreta e apparentemente ripetitiva e un ritmo costante e poco appariscente. Il disturbo dell'attenzione, tuttavia, può ridursi con il prolungarsi della musica forse per meccanismi di adattamento e abituazione. In secondo luogo vengono i rumori intermittenti: stanno lavorando al piano di sopra e qualcuno picchia pesantemente e aritmicamente con un martello. In terzo luogo viene la parola ad alta voce diretta a te, come ho accennato prima, o facente parte di un discorso fra più persone nella stanza o nelle sue vicinanze. Non puoi fare a meno di ascoltare e non puoi impedire al tuo pensiero di seguire il filo del discorso. Quante volte succede che mentre stai combattendo la tua battaglia per riconoscere un oggetto nel campo e ti stanno passando per la mente varie possibili interpretazioni e stai impegnando tutto il tuo vissuto specifico, arriva qualcuno che dice: "Scusa se ti disturbo, ma avrei un quesito da porti".

E prima che tu risponda ti racconta qualcosa di molto importante per lui oppure semplicemente non puoi mandarlo al diavolo e devi ascoltare. Di punto in bianco l'incanto svanisce; il mondo microscopico, in cui magari hai fatto fatica a immergerti, diventa privo di senso e tu ascolti. La tua attenzione è stata catturata da un altro oggetto. Quando hai risolto il problema e ti ributti sul campo microscopico devi fare uno sforzo per liberare la mente dal precedente impegno e ricreare quel momento particolare che stava per consentirti di concludere. È importante che queste interruzioni non siano ripetute più volte, perché non ce la fai a ritornare nel tuo mondo all'infinito.

Alle volte nella stanza dove lavori non sei solo. Altri vanno avanti e indietro e parlano. Tu cerchi di isolarti facilitato dal fatto che le parole che senti non ti riguardano e non ti interessano. Ma se le parole hanno un minimo di interesse per te, ecco che vieni sottoposto a un carico attenzionale e l'attenzione può spostarsi su di un altro oggetto. Non così è se qualcuno ti rivolge la parola mentre osservi, ma in rapporto a quanto stai studiando. Per esempio, se stai studiando un tumore per farne la diagnosi e qualcuno ti parla proprio di quel tumore e ti fornisce notizie cliniche o altro riguardanti quel tumore, può anche darsi che allarghi il campo dell'attenzione a comprendere oggetti suggeriti dalle parole in arrivo oppure queste ti suggeriscono interpretazioni cui non avevi pensato.

Un errore da evitare, e che può capitare specialmente quando hai molto materiale da vedere o da diagnosticare, è quello di fermarti nell'osservazione una volta trovati gli oggetti caratteristici che ti consentono di fare la diagnosi o di concludere l'osservazione. Bisogna completare l'osservazione su tutta l'estensione della sezione che sta sotto gli obiettivi. Qui si apre una questione della massima importanza, soprattutto quando è in studio un tumore notoriamente eterogeneo. Può capitare che nel prelievo chirurgico che stai esaminando non vi siano caratteristiche da farlo giudicare del massimo grado di malignità. Le possibilità sono multiple. Importante è, per i tumori cerebrali per esempio, esaminare l'intero prelievo chirurgico e non soltanto un prelievo del prelievo, perché parti non esaminate possono essere fenotipicamente diverse. Inoltre, bisogna che le informazioni macroscopiche del neurochirurgo e di neuro-imaging dal neuro-radiologo collimino con la tua diagnosi. In questo caso dai la risposta diagnostica al neurochirurgo, ma sempre con un avvertimento che deriva dalla tua esperienza oncologica. Farai presente che trattandosi di tumori eterogenei e suscettibili di trasformazione maligna nel corso del tempo, può darsi che in parti non asportate del tumore il grado di malignità del tumore sia maggiore e comunque che la tua diagnosi è riferita al momento biologico del tumore. Terza possibilità: non hai le informazioni neurochirurgiche e radiologiche di cui sopra; te le devi procurare; quarta possibilità: le informazioni neurochirurgiche e neuro-radiologiche dicono che si tratta di un tumore eterogeneo con parti assumenti mezzo di contrasto. In questo caso se la tua diagnosi risulta di un grado di malignità basso, devi sospettare che il prelievo giunto a te per l'esame possa non essere rappresentativo del tumore.

Il comportamento del patologo non è facile e deve stare molto attento non solo nell'osservazione al microscopio, ma anche nel formulare la risposta al neurochirurgo o al chirurgo. La situazione illustrata prima vede il dilemma esasperato quando si tratta di esaminare piccoli o piccolissimi frammenti di tumore prelevati con il cosiddetto metodo stereotassico e cioè mediante sonde a cranio non aperto. In questo caso il fattore più importante è la centratura del tumore da parte dell'operatore e non solo l'esperienza del patologo.

Una situazione molto imbarazzante e che sfiora il ridicolo è quando arriva un piccolo prelievo di cervello con la richiesta di esaminarlo per vedere se si tratta di malattia di Alzheimer. Quando si ha a che fare con malattie diffuse e che si staccano dalla normalità soltanto per quantità di alterazioni è necessario avere a disposizione l'intero encefalo, come ho già detto.

°○◯ Lo stato emotivo e il vissuto al microscopio

Non è semplice indagare l'influenza dello stato emotivo dell'esaminatore sull'analisi che sta compiendo al microscopio e, più ancora, l'influenza del suo vissuto generale, quello che insieme alla memoria e alla coscienza corrisponde alla sua identità. Forse però è ancora più interessante spiegare l'inverso e cioè le evocazioni che gli oggetti nel campo microscopico operano sul vissuto individuale e in particolare sulla memoria "implicita", meglio conosciuta come inconscio. È un argomento di difficile discussione perché non può essere fondato su basi anatomiche o organiche reali, ma poggia su concetti il più delle volte opinabili o comunque su substrati non dimostrabili. In primo luogo mi riferisco al primo stadio della percezione, quando questa subisce le "inferenze inconsce" secondo Von Helmholtz[1], rapide e inconsapevoli, che rappresentano correzioni della percezione in base all'esperienza passata mediante atti di giudizio. Ne ho già parlato a proposito del riconoscimento e delle interpretazioni, e riprendo qui il discorso perché si tratta molto verosimilmente di fenomeni iponoici, incontrollabili e automatici, perché poggianti sull'esperienza implicita e l'abitudine, ma anche sulla memoria esplicita oppure persino sulle proprietà dell'insieme dell'apparato recettore. Le inferenze possono essere anche più mediate, non necessariamente incontrollabili, ma dipendenti dalla nostra immaginazione, quella che va al di

---

[1] Warren RM, Warren RP. *Helmholtz on perception. Its physiology and development*, Wiley, New York, 1968.

là della logica della funzione ipotetica e decorre libera, come nelle *rêveries*. L'immaginazione ci consente di rappresentarci cose che non passano attraverso la sensazione e nel corso della storia è andata confusa con la fantasia. In realtà, è una facoltà psichica, ma dal libretto di Sartre[2] (1940) in poi ci si è allargati dall'immaginazione come facoltà al suo prodotto e cioè "l'immaginario" con cui la coscienza supera la materialità verso la libertà. L'immaginario è l'effetto dell'immaginazione e non va confuso con l'immaginifico, che significa "ricco di immagini". Tutta questa terminologia e la relativa filosofia, che come al solito spazia da Aristotele e Platone ai giorni nostri, non devono essere fuorvianti e confonderci le idee su di un concetto molto importante nell'ambito della percezione che è quello di "immagine mentale", cui prima è stato accennato con il termine di *pattern*.

Le immagini mentali rassomigliano ma non coincidono con le immagini percepite. Noi le usiamo invece proprio nel confronto con quelle percepite per il riconoscimento del segno esterno e quindi per l'oggetto nel campo e per la conoscenza. Le immagini mentali pertanto sono probabilmente un'accezione più vasta di quella che si vuole indicare come originante le "inferenze inconsce". Il problema è stato ed è discusso e qualcuno le considera quali descrizioni astratte nella mente, fondate – e questo è molto importante – su rappresentazioni di tipo simbolico e non di tipo pittorico. Non sono uno psicologo e non conosco il problema nei suoi termini tecnici, né tutte le sperimentazioni che sono state fatte per indagare il rapporto fra immagine mentale e immagine percepita, ma penso che l'immagine mentale sia costruita sulla base di precedenti percezioni, elaborate all'interno e portate fuori e usate per il riconoscimento di oggetti con un procedimento inverso a quello della percezione; fra le due si situa l'intervento del vissuto al momento dell'integrazione e successiva elaborazione delle percezioni di partenza. Le immagini mentali possono quindi anche costruire qualcosa di nuovo che non si trova tale e quale nelle immagini percepite, le quali però potrebbero essere erroneamente riconosciute in base a esse. Possono cioè essere creative. La memoria, specialmente a breve, ma anche a lungo termine,

---

2 Sartre JP. *L'immaginario*, Einaudi, Torino, 2007.

interviene in questi processi e a me viene in mente, per similitudine, quello che succede con la rievocazione dei ricordi. Il ricordo di un evento non riprodurrà mai l'evento così come è stato percepito o introitato la prima volta e nemmeno sarà uguale a una precedente rievocazione. Il ricordo è una creazione, così come immagino sia l'immagine mentale. Devo citare a questo proposito ancora Kandel[3] il quale dice che rievocare un ricordo non è come "sfogliare un album di fotografie", ma la rievocazione è una creazione. Quello che mi ha colpito di più in questa paludosa congerie di interpretazioni è che la realtà si ritiene venga percepita sulla base di categorie fornite dal linguaggio. Questo però deve conciliarsi con un concetto di immagine mentale che non è riservata alla vista e nemmeno alla sensorialità, ma può estendersi ad altre categorie, comprese quelle che rientrano nelle associazioni con oggetti appartenenti al mondo dell'iponoico e dell'ipobulico[4], che sarebbe l'inconscio, se questo termine fosse soddisfacente e indicasse con esattezza quello che contiene.

L'osservazione al microscopio comporta l'arrivo di un'infinità di stimoli visivi che, al di là del riconoscimento degli oggetti e della loro interpretazione, suscitano infinite covibrazioni nel vissuto che per meccanismi a noi ignoti potrà intervenire nella loro integrazione ed elaborazione. Quante volte un'immagine nel campo microscopico suscita rievocazione di immagini consimili che appartengono al vissuto, ma che possono non avere nulla a che vedere con il campo microscopico, ma nemmeno con la biologia o la medicina. Ma c'è di più: talora suscitano rievocazioni, sentimenti o stati d'animo che non hanno apparentemente alcun nesso con l'oggetto osservato e che stupiscono l'osservatore stesso. Traggo degli esempi dalla mia esperienza.

Mi è capitato un giorno di studiare un meningioma, un tumore delle meningi che si caratterizza spesso per la formazione di vortici cellulari caratteristici. Qualche volta le cellule sono disposte in modo così irregolarmente regolare o così regolarmente irregolare da rassomigliare alle cosiddette figure ambigue della psicologia o

---

[3] Cfr. Kandel.
[4] Cfr. Kretschmer.

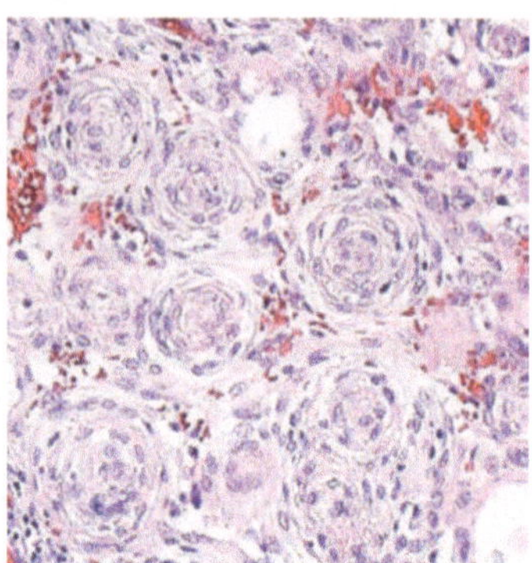

Fig. 29 A *figure di movimento;* **B** *vortici del meningioma*

a quelle figure che sembrano "girare" per illusione ottica (figure di movimento), come succede per i "vortici" del meningioma (Fig. 29). La mia osservazione si appuntò sul centro di ogni vortice, in cui mi sorpresi a cercare una cellula particolare che si chiama "cellula granuloso-basofila", meglio conosciuta come *Mastzelle* in tedesco. È una cellula che contiene granuli di eparina e aminopolisaccaridi molto acidi. Mentre la mia esplorazione e la mia attenzione si focalizzavano sulla ricerca di questa cellula, senza che ciò inerisse a quanto dovevo studiare e diagnosticare, e automaticamente facevo muovere il tavolo porta-vetrini in modo da creare la greca per non perdere "oggetti", il mio pensiero cominciò a perdersi nella rievocazione di qualcosa che era accaduto molti anni prima. Avevo visto anni prima che la calcificazione che spesso colpisce i vortici di cui ho detto era dovuta alla degranulazione di *Mastzellen*: i siti anionici che si creano per la liberazione dell'eparina catturano il fosfato di calcio formandosi così la calcificazione. A me era parsa un'osservazione di un certo interesse e avevo scritto un lavoro che avevo mandato a una rivista internazionale. Lo avevano trattenuto per sei mesi per la *peer review* e poi non l'avevano accettato con motivazioni che a me erano parse pretestuose. Pochi mesi dopo usciva sulla stessa rivista un lavoro fatto da alcuni autori che dicevano la stessa cosa. Evidentemente erano state copiate l'idea e le conclusione ed era stato scritto il lavoro, mentre tenevano il mio in sospeso. La cosa mi amareggiò non poco, ma queste sono cose che succedono nelle transazioni fra riviste scientifiche e autori. Adesso vedevo nel campo microscopico passare il paesaggio del vetrino, ma da puro spettatore passivo con la mente non più rivolta alle *Mastzellen*, ma persa dietro all'amarezza lasciata dall'episodio descritto. Mi dovetti scuotere, staccando per un po' dal microscopio, e ripresi l'osservazione forzando l'attenzione sull'assunto prestabilito.

In questo esempio l'oggetto dell'osservazione al microscopio e quello dell'immagine parassita coincidevano. La *Mastzelle* aveva evocato un pezzo di vissuto sulle *Mastzellen*. Sono possibili mille altre evenienze in cui un qualcosa dell'immagine percepita dell'oggetto, un colore peculiare, una forma inusitata o curiosa o persino uno stimolo proveniente dall'ambiente, un odore, un rumore, si associno nell'elaborazione interna, per motivi che ci sfuggono, ed entrino a far parte dell'immagine elaborata e riportata all'esterno sull'oggetto. Questo può essere fonte di errore. Oppure nella percezione, queste associazioni possono dare luogo a pensieri vaganti non pertinenti, a *rêveries* che nell'osservazione trasformano l'attenzione da attiva a passiva. Sono disturbanti.

Potrei raccontare infiniti esempi. Un giorno trovai nel campo microscopico a forte ingrandimento delle piccole goccioline rosse attorno a un capillare. Potevano essere goccioline jaline tipiche di un astrocitoma pilocitico, gramuli di una *Mastzelle* disfatta come in un meningioma o ependimoma oppure precipitati proteici intravitali ricchi di aminopolisaccaridi acidi, come negli stadi iniziali delle calcificazioni. Tutto ciò poteva dipendere dal tipo di metodica usata e dovevo prestare la massima attenzione appunto a questo. Che reazione era stata compiuta sul vetrino in esame? Era un tumore quello che stavo esaminando? Contemporaneamente e di colpo si affacciò alla mia mente un'immagine molto nitida e con la pregnanza di qualcosa di molto recente: vedevo il mio maestro di terza elementare che intingeva il pennino attaccato a una penna di legno, come usava settanta anni fa, nell'inchiostro rosso per scrivere qualcosa sul mio quaderno, forse un voto. Estratta la penna, prima di scrivere, la scosse su di un foglio bianco che aveva sulla cattedra per eliminare l'eccesso di inchiostro e per non fare macchie sul quaderno, evenienza allora molto frequente con quegli arnesi per scrivere. Fece l'atto di lanciare la penna verso il foglio, ma la trattenne di colpo e tre o quattro goccioline di inchiostro rosso si stamparono sul foglio, simili a quelle che adesso vedevo attorno a un capillare. La comparsa improvvisa di quell'immagine dai forti contrasti – la carta bianca e l'inchiostro rosso rutilante – mi aveva colpito e si era stampata nella mia mente. Quello che mi impressionò fu però un'altra immagine che si presentò associata. Le tre goccioline rosse trascinarono la visione della battaglia di ponte Milvio, che era sul libro di terza elementare, con Costantino cui improvvisamente comparve in cielo la scritta luminosa *in hoc signo vincies* ed effettivamente vinse la battaglia. Quello che associava le due immagini non era colore né forma né altro se non la subitaneità con cui le goccioline d'inchiostro rosso e la scritta luminosa erano comparse rispettivamente sulla carta bianca e in cielo. Questa visione era disturbante e dovetti scuotermi per riprendere l'attenzione che in quel momento dovevo esercitare al massimo.

 # I due mondi: quello reale e quello microscopico

Guardare al microscopio stanca. Per quanto ci si faccia l'abitudine, le sedute non possono superare poche ore, senza fare piccoli intervalli. La mente non riesce a mantenere l'attenzione sugli oggetti tenendo presente il fine che ci si era prefisso: arrivare a una valutazione globale dell'insieme degli oggetti a fini diagnostici o incamerare già categorizzate le informazioni ricavate dall'osservazione. Quando la stanchezza comincia a farsi sentire tutto ciò sfuma e la focalizzazione sugli oggetti e sul fine dell'osservazione si ottunde. Compaiono pensieri parassiti e loro associazioni affettive con il continuo affioramento alla coscienza di contenuti del vissuto che si richiamano per associazione, come ho riferito nel capitolo precedente. Gli esempi potrebbero essere infiniti, dati gli anni di studio trascorsi al microscopio. Devo anche dire che quanto descrivo è peculiare dello studio al microscopio; quando si è impegnati in attività di studio che non si servono di questo strumento, come per esempio succede nella ricerca di biologia molecolare o di biochimica e di altro, dove gli strumenti sono lo spettrofotometro, la PCR e simili, dove non c'è un "paesaggio" con i suoi oggetti che "passa" davanti agli occhi, questo non succede. Il motivo è che in queste altre modalità di studio poco spazio è lasciato all'attenzione passiva, perché l'attenzione attiva è esercitata a *quanta* e non in continuità. Con ciò non voglio dire che in questi altri studi non possa intervenire il fenomeno della stanchezza; non interviene quello della stanchezza visiva.

Un giorno stavo diagnosticando degli ependimomi, tumori che di solito nascono dal rivestimento interno dei ventricoli cerebrali. Posseggono, tra l'altro, caratteristiche distribuzioni delle cellule e una di

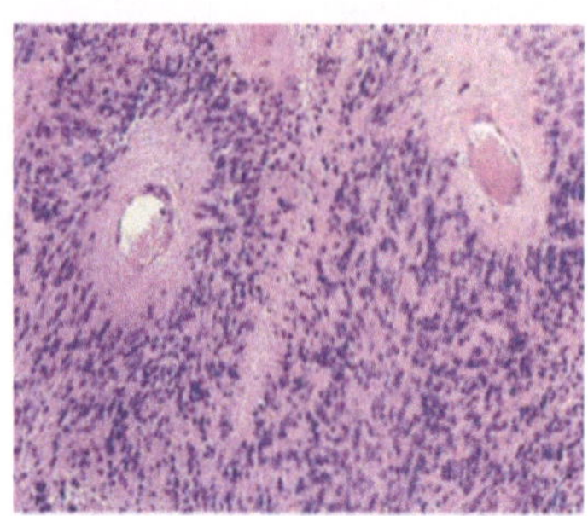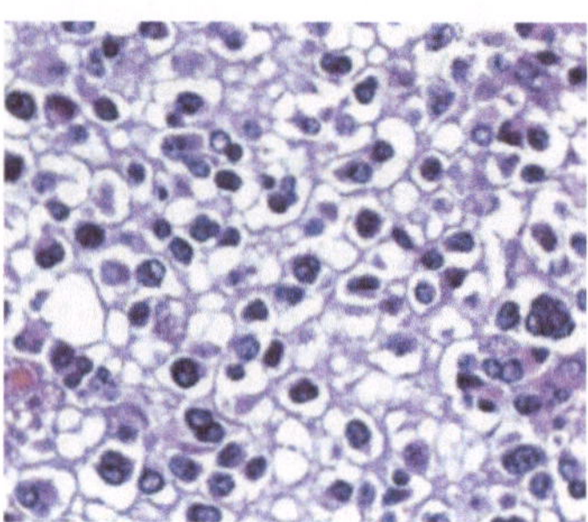

Fig. 30 *Aspetto a corona raggiata dell'ependimoma (**A**) e a "fried eggs" dell'oligodendroglioma (**B**)*

queste consiste nella disposizione a raggiera delle cellule attorno a una fessura o un foro generalmente rappresentati da un vaso. Si chiamano le "corone raggiate" (Fig. 30A) o anche più tecnicamente "pseudo-rosette peri-vascolari". Sono figure eleganti di forme complesse di facile riconoscimento, e dotate anche di una certa "bellezza" tanto che talora si indugia nella loro osservazione, in atteggiamenti estetizzanti, senza trarre ulteriori vantaggi diagnostici. Di solito, quando si riconoscono oggetti, senza alcun dubbio si ripete mentalmente il loro nome, quasi a ribadire la loro essenza. Questo ovviamente è in linea con la concezione semiotica del linguaggio come raffigurazione della realtà, su cui ho già discusso in precedenza. Queste formazioni hanno sempre indotto in me l'immagine della dalia, ma un giorno improvvisamente, mentre contemplavo una "corona raggiata" allentando l'attenzione attiva, forse per il bisogno di una piccola pausa, fui colpito dalla grande rassomiglianza che la "pseudo-rosetta perivascolare" aveva con il pudendo muliebre. Qui sarebbe facile trarre conclusioni sulla genesi di questo pensiero se si attribuisse alla figura una sua particolare persistenza nella mente dell'osservatore su base istintivo-affettiva. Ma non credo fosse così. La rassomiglianza era con il pudendo muliebre così come è descritto e raffigurato nei trattati di anatomia umana e di ginecologia. Solo in seconda istanza la rassomiglianza si estese all'immagine reale, quasi a controllare quanto le riproduzioni libresche si avvicinassero alla realtà.

Questo accostamento non stupisce perché analogie simili sono frequentissime in microscopia: per esempio, quando si vuol dire che un tumore è ricco di cellule che sono stipate fra di loro, si dice che ha un aspetto "epatizzato", perché il fegato al microscopio si

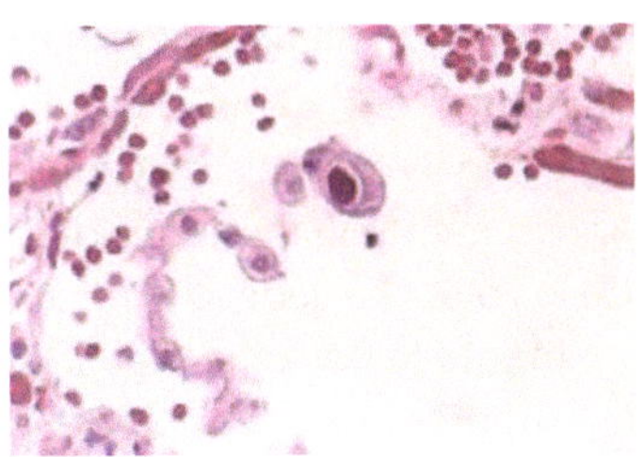

Fig. 31 A *infezione da citomegalovirus: cellula ad occhio di civetta;* **B** *civetta*

caratterizza per l'assenza di spazi extra-cellulari. Le cellule grandi peri-ventricolari dell'infezione da *citomegalovirus* hanno nuclei grandi con un nucleolo molto evidente e rassomigliano alla faccia della civetta, si chiamano infatti cellule "a occhi di civetta" (Fig. 31). Molte cellule dell'oligodendroglioma hanno il nucleo immerso in uno spazio rotondo e chiaro che sostituisce il citoplasma. Rassomigliano al favo d'ape o alle uova al tegamino e infatti vanno internazionalmente sotto il nome di *honeycomb appearance* o *fried eggs* (Fig. 30). Con questo non voglio certo proporre di cambiare nome alle "corone raggiate" dell'ependimoma.

Ma perché – mi sono più volte chiesto – queste denominazioni e non altre? Ci ho pensato a lungo e un giorno ho creduto di aver trovato la spiegazione e questa derivava direttamente dalla mia esperienza fatta all'estero, dalla possibilità di aver diagnosticato lo stesso tumore in paesi diversi: Italia, Germania, Stati Uniti. Ho immaginato, perché l'ho sperimentata, la mattinata di un patologo americano che si alza di buonora, doccia e barba e poi si dispone con calma a fare colazione. Che cosa mangia? O che cosa immaginiamo che mangi? Due uova fritte, la pancetta e le patate fritte. Come sono fatte le uova? Al burro, in un padellino e *up* e cioè con il rosso intatto rivolto verso l'alto. In effetti in qualsiasi *breakfast* di qualsiasi città americana quando chiedete le uova alla prima colazione del mattino, l'addetto vi chiede: *up or down?* E cioè col rosso sopra o sotto? Le uova *up* corrispondono esattamente alle *fried eggs* degli oligodendrogliomi. Mezz'ora dopo questo americano si trova seduto al microscopio a diagnosticare un oligodendroglioma, ma come volete che denomini l'aspetto cellulare che osserva? Con il miele è la stessa storia e queste figure sono anche denominate *honeycomb appearance* o a favo d'ape. Entrano in ballo le cellette dell'alveare.

Tutte le volte che andavo in USA, immancabilmente la prima colazione fatta in uno delle migliaia di *breakfast*, prima di cominciare il lavoro, era a base di uova fritte con il rosso in su e tutte le volte immancabilmente mi venivano in mente le *fried eggs* della patologia tumorale e così pure, tutte le volte che vedevo al microscopio le *fried eggs* mi tornavano in mente le uova dei *breakfast* americani. Associata si presentava costantemente l'atmosfera di quelle mattine, con traffico convulso nelle strade, in quei cunicoli pieni di piccoli tavoli, dove l'ambiente era saturo dell'odore di caffè e di fritto e dove la gente andava e veniva in continuazione, ordinava, mangiava, pagava e si rituffava in quelle strade affollatissime di persone di tutti i colori e di macchine, con la fretta di riprendere il lavoro. Quell'atmosfera la ricordo gioiosa e allegra, non importa se la mattinata era soleggiata o fredda e piovosa o l'atmosfera satura di gas di scarico delle macchine. Ricordo che un mattino in uno di questi piccoli *breakfast* c'era un gruppo di signori e signore, vestiti molto evidentemente all'italiana, in visita turistica della città, che in contrasto con il veloce ricambio umano dell'ambiente, cercavano di prolungare il pasto facendo le cose lentamente, mentre commentavano e parlavano tra di loro della città che stavano visitando e chiedevano mille cose all'uomo che era dietro il banco con la piastra bollente per le uova. Furono bruscamente invitati a non perdere tempo dopo aver mangiato e a lasciare il posto agli altri. Uno del gruppo, un signore sulla sessantina, uscì in strada imprecando ad alta voce: "ma che schifo questa città" (era New York). Pensava forse di essere in un paese turistico della Riviera. Mi scappò da ridere al pensiero che quel signore non aveva capito niente e previdi per lui una brutta giornata.

Tutto questo è emerso nella mia mente mentre guardavo il "favo d'ape". Ma – potrebbe dire qualcuno – questa è una lunga storia che sicuramente ha interrotto la tua osservazione al microscopio. Niente affatto. Questi sono dei *flash* mnesici che durano pochi secondi, o forse anche meno, e non distolgono nemmeno del tutto l'attenzione dall'oggetto nel campo microscopico. L'evocazione avviene in blocco, come un *quale* di Edelman[1] o come un brevissimo sogno, ma che si riferisce a durate lunghe, come

---

[1] Cfr. Edelman.

avviene nel sonno del mattino o nei *micro-sleeps* che sono brevissimi sonni accompagnati da sogni ancora di brevissima durata, ancorché molto complessi e relativi a periodi di tempo enormi, se riferiti alla vita reale.

Vi è una continua trasposizione dal mondo reale a quello microscopico e viceversa e questo non direi che sia eccezionale, ma anzi è la regola. Quante volte mi è capitato di avere un pensiero in testa e, mettendomi al microscopio ed esplorando il campo, di continuare ad averlo pur cercando di trarre conclusioni dall'esplorazione. Per esperienza oggi dico che si può fare, ma bisogna stare attenti perché il pensiero, chiamiamolo parassita, può disturbare il riconoscimento e l'uso delle immagini mentali.

Gli esempi di trasposizioni dal mondo reale a quello microscopico e viceversa sono infiniti. Tornando alle somiglianze o alle relazioni fra gli oggetti del campo microscopico e aspetti della vita reale o all'evocazione da parte dei primi di immagini della seconda, anche senza somiglianza, mi sono spesso chiesto, mettendomi nei panni di un osservatore di tanti anni fa, da dove potesse aver pescato le similitudini per etichettare oggetti nel campo se non dal suo vissuto in quell'epoca. In fondo bisogna dare un nome per conoscere o comunque catalogare, ed è meglio usare qualcosa di vivo che difficilmente si scorda. Mi viene in mente un altro esempio. A volte capita studiando un tumore che si osservino le cellule disposte in file parallele. Questo ha una certa importanza nella diagnostica, perché questa disposizione può essere indice di qualche tipo particolare di tumore. Infatti è stata codificata come segno diagnostico e le è stato dato il nome di "ritmo a pettine" (Fig. 32). Perché "a pettine"? Poteva anche essere "a rastrelliera" o "a pelle di tigre", ma forse il pettine era più quotidiano e usato più spesso, almeno negli anni Quaranta-Cinquanta, quando queste denominazioni furono create. Questa è stata l'epoca della massima codificazione morfologica dei

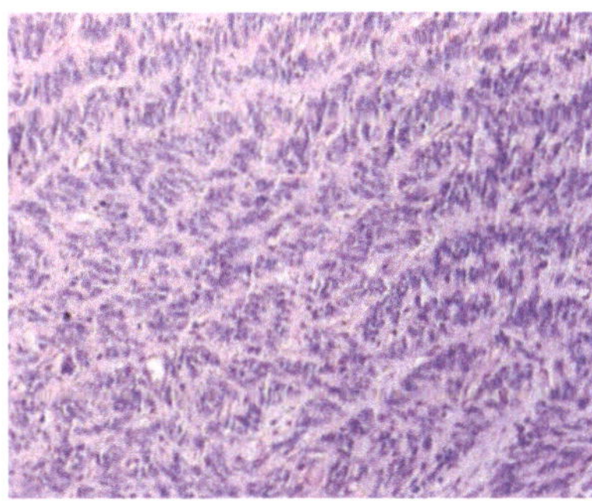

Fig. 32 *Ritmo a pettine*

tumori nel mondo a opera soprattutto di americani e tedeschi. Sicuramente se questa fosse avvenuta in Italia, e in quest'epoca anziché allora, non sarebbe stato il pettine a essere preso come termine di paragone, perché quasi più nessuno lo usa. Il modello di uomo, almeno quello proposto dai *media* e che spesso lo si incontra ovunque, per tutti è quello di un uomo giovane, ma anche non più giovane, con i capelli alla rinfusa, riccioluti, mossi, spioventi sulla fronte e da tutte le parti, come segno esteriore di un animo disordinato, fuori dagli schemi e dalla banalità del quotidiano e quindi indice di intelligenza e di scapigliatura, di libertà e di non asservimento alle regole della convivenza, che dovrebbero imporre l'uso del pettine, secondo canoni appunto ora superati, anche se il mantenere i capelli spettinati forse costa più fatica e tempo e risponde massimamente all'imperativo dell'apparire. Sembra dire: "vedi come sono sbarazzino e seducente? Vedi come non mi adeguo alle regole? Ebbene, dentro sono così: indipendente, libero, non mi lascio mettere le briglie, non sono un borghese pantofolaio. Capito, donne?" Ci ho pensato e questo è quello che viene fuori. Anzi, non avessi fermato il mio quasi-pensiero, questo avrebbe proseguito con altre immagini associate. Una, che stava per penetrare nel mio campo d'attenzione era relativa al momento in cui i tennisti, finita la partita, vanno nello spogliatoio per la doccia. Una volta asciugatisi, qualcuno va davanti allo specchio con il pettine in mano e si mette a posto la capigliatura. Qualcuno, ma molti non lo fanno. C'era un bel giovanotto, ma forse è meglio dire uomo per avere un aspetto sopra i trenta, con i capelli ricci, ondulati e neri che gli cadevano sulla fronte conferendogli un

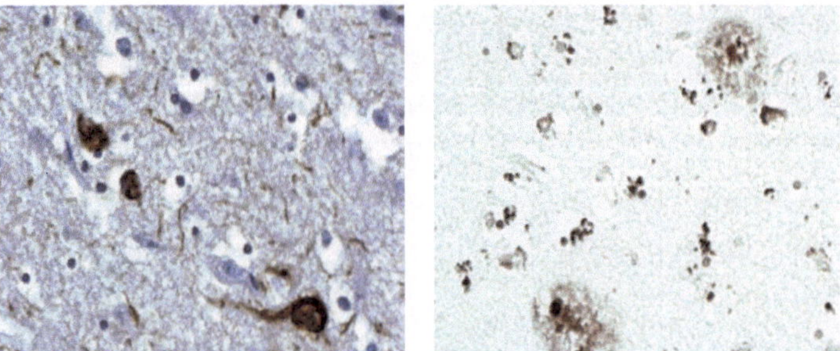

Fig. 33 A *alterazione neurofibrillare di Alzheimer;* **B** *placche dendritiche "a coccarda"*

aspetto giovanile e rubacuori. Non tirò fuori il pettine, ma anzi non si asciugò nemmeno la testa e mentre si vestiva con le dita dava delle toccatine alla capigliatura per renderla ancora più scomposta e cadente sulla fronte. Qualcuno gli aveva detto: "ma così ti prenderai un malanno; fuori non è caldo". "Non importa, ma così i capelli rimangono lucidi" aveva risposto. Fu difficile trattenere il dubbio se sotto quella capigliatura smagliante il cervello potesse essere anatomicamente del tutto indenne.

Faccio altri esempi. Le cellule con degenerazione fibrillare di Alzheimer, tipiche della medesima malattia, sono state denominate "a cavaturaccioli", perché contenenti agglomerati di fibrille compattate a spirale (Fig. 33A). Perché a cavaturaccioli? Non era più facile o sufficiente dire "a spirale"? Se mi riporto all'epoca in cui vennero descritte e ai grandi nomi dei neuropatologi di allora, per esempio Alois Alzheimer, Gaetano Perusini e altri a cavallo fra i secoli XIX e XX, penso a mio nonno materno. Quando ero bambino, al paese natio, me lo ricordo con i pantaloni di velluto, il gilet e i baffi; andava all'osteria a parlare con gli amici e ordinavano una bottiglia *stôp* e cioè una bottiglia di vino da aprire con il cavaturaccioli e non il vino sfuso dalla botte. Quello lo bevevano persone più in basso nella scala sociale. Oppure la bottiglia *stôp* veniva aperta in occasioni particolari. Il cavaturaccioli era un arnese importante e di uso frequente, perché frequenti erano allora le osterie che sono poi state tutte sostituite dai bar, così come il cavaturaccioli è stato sostituito da aggeggi moderni. Capitava spesso agli uomini di doversi recare all'osteria per discutere, chiacchierare, celebrare qualcosa o semplicemente passare il tempo. Il cavaturaccioli, di tutte le fogge e dimensioni, era sempre in tasca o in mano all'oste. Lo avvitava nel tappo e poi, serrata la bottiglia fra le gambe, tirava con forza fino a estrarre il tappo con un rumore caratteristico, seguito dall'evviva degli avventori. Ecco da dove penso sia derivata la denominazione per la degenerazione neurofibrillare: da quel filo d'acciaio torto a spirale che penetrava nel tappo di sughero sotto la spinta ad avvolgere dell'oste.

La patologia e la neuropatologia sono ricche di similitudini prese dal mondo reale per strutture e immagini viste al microscopio. Per lo più si riferiscono agli anni in cui le due discipline si erano maggiormente sviluppate e cioè nella prima metà del XX secolo

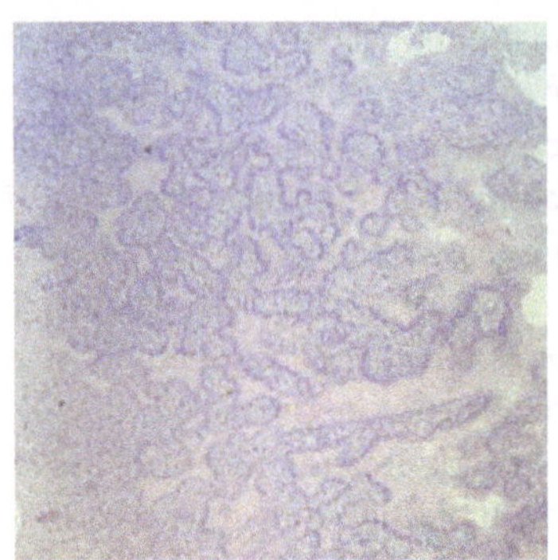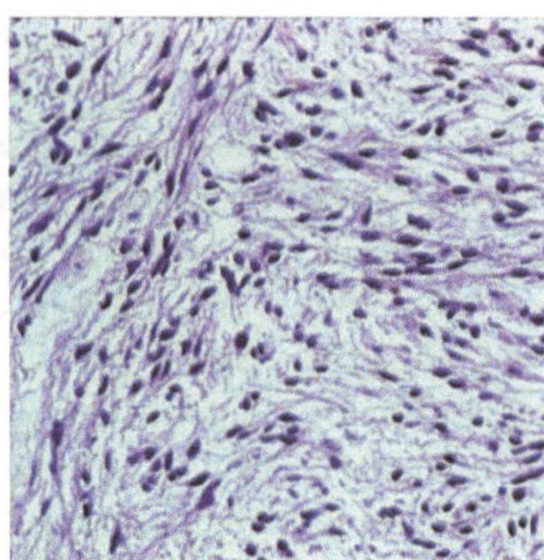

Fig. 34 A *necrosi a carta geografica;* **B** *astrocitoma pilocitico*

con trasposizioni dalla vita reale di quell'epoca. Una che mi aveva colpito fin dall'inizio era stata la denominazione di necrosi "a carta geografica" per indicare in certi tumori maligni necrosi serpiginose delimitate da palizzate di cellule che rassomigliavano ai confini di uno stato disegnato sulle carte geografiche con colori diversi per ogni nazione (Fig. 34A). Un'altra era stata la dizione "pilocitico" per indicare una variante del tumore astrocitoma (Fig. 34B). Pilocitico derivava dal greco *pylos* che significa pelo o capello e corrispondeva perfettamente all'immagine di conglutinamento di spessi processi cellulari che caratterizzavano le gliosi o certi tumori fatti da elementi allungati.

Sicuramente la rassomiglianza delle placche dendritiche o senili della malattia di Alzheimer, chiamate anche "placche a coccarda" (Fig. 33B), fatte da un centro denso di amiloide e da una corona di processi che gli si disponevano attorno in un spesso strato, con le coccarde risaliva ai tempi in cui sia in Italia sia in Francia queste erano usate per la bandiera nazionale nelle frequenti cerimonie patriottiche. Oggi useremmo forse la somiglianza con la ruota di un TIR o l'imbocco d'aria di un motore a reazione di un jet. Tutte queste denominazioni erano storicamente determinate a testimonianza degli scambi inevitabili fra il mondo microscopico e quello reale.

A chiusura di questo capitolo, penso sia utile ricordare quanto mi è successo in un supermercato, per sottolineare l'importanza delle immagini mentali a disposizione per riconoscere i segni nel campo e cioè quelle prese dal sistema di segnalazione interno all'individuo, ricordato da Prodi[2]. Quando cerco qualcosa nel campo microscopico, se so già che cosa cercare, si tratta semplicemente di riconoscerlo in un oggetto e cioè passando in rassegna gli oggetti del campo e riconoscendo quello che corrisponde alla mia immagine mentale. Se non lo conosco, dovrò riconoscere tutti gli oggetti coincidenti con le mie immagini mentali e individuare quello per il quale non ne dispongo di una. Una volta denominato, disporrò dell'immagine mentale per una successiva osservazione. Dire che il segno è riconosciuto dall'apparato recettore e che lo crea ha un significato un po' ambiguo. Posso intendere il rapporto in senso generale e cioè considerando segno tutto ciò che vedo e per apparato recettore il mio sistema visivo. Posso però intenderlo in senso specifico: un segno è un oggetto del campo microscopico e l'apparato recettore usa il segno già registrato in una serie interna, perché riconosciuto dall'apparato di riconoscimento complementare di segni interiorizzati che hanno già una denominazione[3].

Ero in un supermercato e cercavo un barattolo si senape, che a me piace molto. Passavo attentamente in rassegna le scansie dove avrei potuto trovarlo leggendo le scritte sui prodotti allineati. Ma non riuscii. Chiesi aiuto a un addetto che mi disse di cercare fra le conserve e i *ketchup* che si trovavano in quelle scansie. Erano tutti recipienti di plastica alti un palmo con un tappo a chiusura a pressione; fra questi finalmente scorsi quello della senape, giallo e capovolto, con su una scritta grande come una casa: SENAPE! Ci ero passato vicino senza scorgerlo. Perché? Perché io cercavo un barattolo e pur avendo letto tutte le scritte, anche quelle su recipienti che non erano barattoli, non l'avevo identificata. Stavo usando l'immagine mentale del barattolo di cui cercavo l'oggetto corrispondente, ma chi mi aveva detto che doveva essere per forza un barattolo? Nessuno. Se mi avessero chiesto: come si vende la senape nei supermercati? Avrei risposto: in barattoli. Ripensandoci più tardi, mi dissi che se fossi stato sottoposto a un test di parole-stimolo, alla parola senape avrei risposto: il barattolo di senape

---

[2] Cfr. Prodi.
[3] Cfr. Prodi.

Fauchon in vendita nei negozi di *Delicatessen* all'aeroporto Charles de Gaulle di Parigi. Era stato lì che si era creata in me questa identificazione di cui avevo conservato l'immagine mentale. Se non avessi avuto questo pregiudizio – e rimaneva ovviamente da chiarire perché avrei risposto in quel modo e la genesi di quella risposta – nel supermarket avrei scoperto subito la senape, perché l'indagine era stata attenta e sistematica.

Nel campo microscopico devo disporre del maggior numero possibile di immagini mentali per riconoscere gli oggetti, ma devo stare dieci volte più attento a quegli oggetti per i quali non ho (ancora) un'immagine mentale. Ma, si potrebbe obiettare che se non disponessi dell'immagine mentale non potrei riconoscere il segno oppure che potrei sbagliarmi e riconoscerlo con un'immagine non adeguata. Credo che l'inghippo stia nella definizione di segno, che è tutto ciò che è nel campo del visibile per l'uomo. Sicuramente passando in rassegna le scansie ho senz'altro visto i recipienti con la senape e anche le loro scritte cubitali, ma non li ho riconosciuti, perché la mia attenzione era rivolta attivamente ai barattoli. Nell'esame del campo microscopico non bisogna avere dei pregiudizi nella focalizzazione dell'attenzione.

L'antropomorfismo applicato agli oggetti del campo

Capita spesso di sorprenderci ad attribuire un antropomorfismo agli oggetti nel campo microscopico. Bisogna pensarci, perché di solito questa tendenza compare spontanea nell'uomo. L'antropomorfismo viene definito come l'attribuzione di sembianze fisiche, psicologiche o comportamentali umane a fenomeni naturali, divinità, esseri animati o inanimati. Era ampiamente applicato nella mitologia greco-romana e poi nelle religioni. Il ragionamento filosofico è stato nel tempo il principale artefice del suo riconoscimento, specialmente nell'Illuminismo, quale tendenza spontanea dell'umanità. Ci si può chiedere come sia possibile fare dell'antropomorfismo nell'osservazione microscopica, di solito campione di obiettività scientifica. Si può, tenendo conto di quello che è stato detto delle influenze dei contenuti della memoria implicita con i meccanismi iponoici e ipobulici. Siamo inclini a riconoscere a oggetti del campo microscopico sentimenti o atteggiamenti o intenzioni positivi o negativi, in linea con la loro interpretazione biologica. Sarebbe interessante discutere se sia questa a trascinare l'antropomorfismo o viceversa se questo sia su base affettiva. Di solito interviene il rigore scientifico come correttore, ma è importante qualche volta proprio esercitarlo espressamente. Interviene a correggere intenzioni o atteggiamenti buoni o cattivi da parte degli oggetti del campo.

Faccio degli esempi, quelli che mi vengono spontanei in questo momento. Avete mai pensato a una cellula gemistocitica, sia di un tumore che non, con il suo aspetto a palla, rotondeggiante, con il nucleo periferico che sembra un occhio che si guarda il ventre

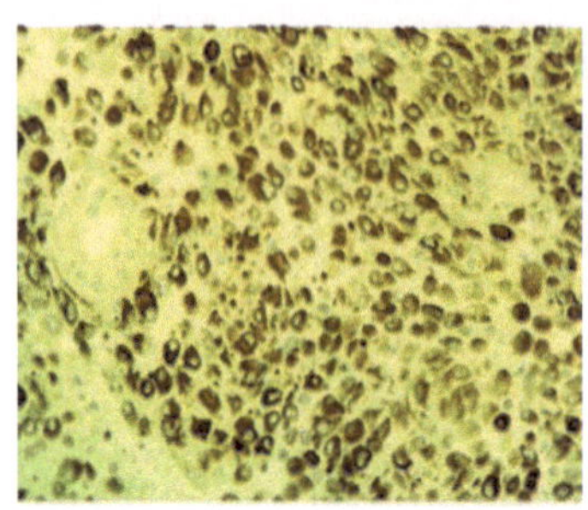

Fig. 35 *Astrociti gemistocitici*

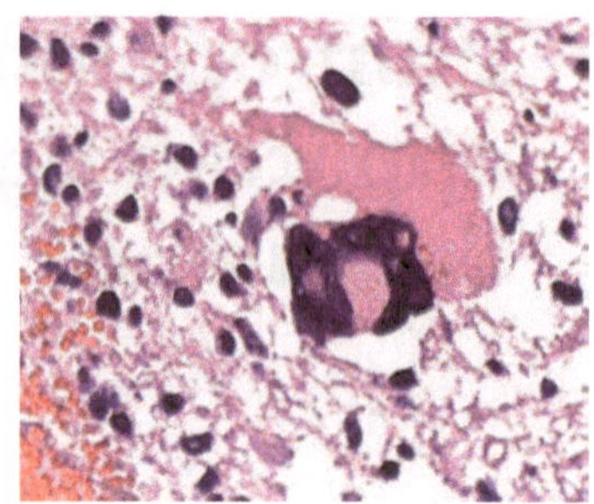

Fig. 36 *Cellula mostruosa di un glio-blastoma*

pieno e gonfio (Fig. 35)? In effetti, i primi osservatori pensavano che queste cellule fossero piene di grasso[1] e quindi ben pasciute. Di primo acchito sembrano cellule contente, bonarie, soddisfatte, che non fanno male a nessuno. In effetti dal punto di vista biologico non sono aggressive e non producono gran danni. Oltre tutto sono anche di bell'aspetto, piacciono. Non così invece sono le cellule mostruose con il loro nucleo deforme e grande, dilacerato, multiplo: sembrano maschere di carnevale che vogliono apparire minacciose e intimorire (Fig. 36). Ma intimorire chi, l'osservatore o gli altri oggetti del campo? Biologicamente possono essere veramente cattive o meglio emblemi di cattiveria, oppure non giocare alcun ruolo malefico. Sono dei buffoni o degli spacconi che si travestono per spaventare i bambini. Spesso le ho anche immaginate con un paio di baffi spioventi e un cappellaccio con la piuma.

Chi invece appare ambiguo e un giano bifronte è l'astrocita reattivo (Fig. 37). Simile a un ragno enorme con molte zampe ramificantisi in tutte le direzioni, ha nel nucleo un unico e grande occhio. Visto isolatamente fa paura, perché più si va alla sua periferia e più diventa insidioso e subdolo e non si riesce bene a vedere dove finiscono le sue propaggini. In realtà è un povero diavolo che vuole soltanto riparare ai danni che qualcuno ha inferto al tessuto nervoso, e non fa male a nessuno. Anzi quando si tro-

---

[1] In realtà, il termine "gemistocitico" deriva dall'inglese "gemistocyte" che a sua volta deriva dal tedesco "gemästete" che deriva dal greco "gemixein" che significa "farcire" (di grasso?).

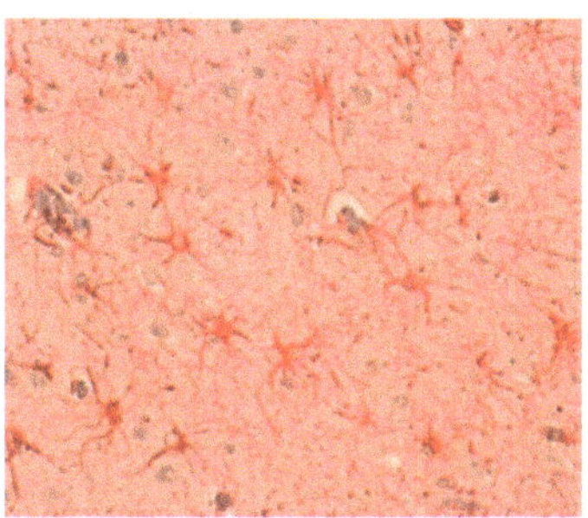 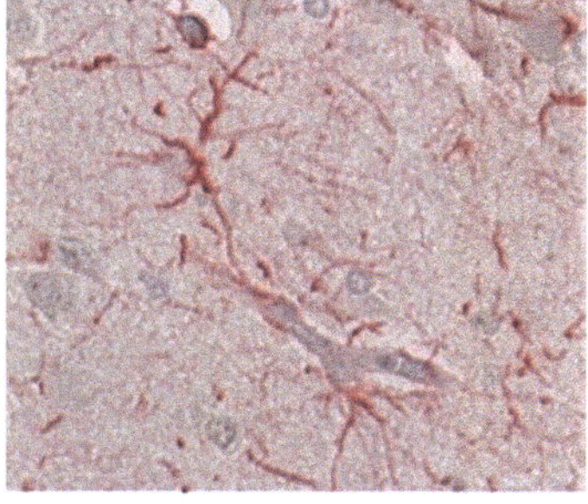

Fig. 37 *Astrociti reattivi equidistanti (**A**) e con i pedicelli vascolari (**B**)*

vano molti insieme, tutti a distanza regolare gli uni dagli altri, danno l'impressione di essere dotati di una prossemica[2], che assegna a ciascuno il proprio territorio. Ne risultano anche immagini di una certa bellezza.

Giustamente ne parlo nel capitolo sull'antropomorfismo, perché il termine "prossemica" riguarda l'uso dello spazio nell'uomo in quanto elaborazione culturale e negli animali si riferisce alla territorialità con le distanze di fuga, quella critica per l'attacco, la regolazione del popolamento, etc. Il tutto ha una regolazione estremamente complessa, specifica per ogni specie o gruppo animale. C'è da chiederci se esista una prossemica anche per le cellule costituenti gli organismi. Che esista una regolazione delle interdistanze cellulari è fuori di dubbio e appartiene al piano di costruzione degli organismi in cui la distribuzione delle cellule risponde al piano di organizzazione. Si pensi soltanto al meccanismo con cui viene modulata la costruzione della corteccia cerebrale attraverso l'eliminazione dei neuroni che in sovrannumero l'hanno popolata durante lo sviluppo. Questo meccanismo di eliminazione si compie per lo più attraverso quel complicato sistema di geni e proteine che risponde al nome di "apoptosi," che si incarica di mandare a morte le cellule indesiderate. Tutto questo rientra in un piano costruttivo in cui geni regolatori organizzati gerarchicamente si distribuiscono campi di lavoro sempre più piccoli, a mano a mano che lo sviluppo dell'organismo procede. Nel caso degli astrociti

---

[2] Hall ET. *La dimensione nascosta*, Bompiani, Milano, 1982.

reattivi a regolare le interdistanze devono intervenire segnali, fattori e recettori che devono dare un assetto finale che corrisponde a certe necessità biologiche nel senso di Monod. Che poi tutto ciò produca un quadro d'insieme di notevole bellezza dipende dal nostro mondo visivo, vissuto e canoni estetici. A prescindere dal godimento estetico, i nostri sentimenti nel confronto degli astrociti reattivi sono benevoli, offuscati però dal loro frequente accompagnarsi a epilessia nel cui meccanismo possono essere coinvolti. Ecco perché cominciando a parlarne li ho definiti ambigui. L'antropomorfismo consiste nel fatto che non possiamo sottrarci a una loro valutazione nei confronti del benessere dell'uomo.

Per quanto riguarda le sollecitazioni che può ricevere il nostro vissuto dal quadro microscopico degli astrociti reattivi, si può dire che vedendoli regolarmente distribuiti nel campo, a distanza regolare, misurabile, sembrano soldatini schierati in attesa della battaglia oppure mi fanno sorgere in mente i campi di grano o di erba di un tempo nella distesa della piana, punteggiati regolarmente di gelsi con la chioma folta, le cui foglie erano usate dai contadini per allevare i bachi da seta. La loro ripetizione regolare li accomuna alle figure del "sub-strutturalismo" del mio amico Benedikt Volk di cui parlerò. Vi è ancora una considerazione da fare e riguarda il frequente reperimento in natura di ritmiche ripetizioni di strutture che sono ben lungi dall'essere appannaggio delle strutture minerali. Possono essere frutto di processi biologici e ci richiamano alla mente il concetto di essere vivente di Monod[3], in cui la ripetizione e il ritmo simulano proprio quanto accade per l'esistente inanimato, e sono prodotti dalla teleonomia, di cui sono responsabili le proteine con la loro allosteria, che compiono il processo e che insieme all'invarianza riproduttiva e alla morfogenesi autonoma caratterizzano l'essere vivente. Non mi è mai stata chiara la differenza fra la teleonomia dei processi biologici e quella dell'essere vivente, dell'uomo, che appare come un modo di concepire l'esistente, più che un fine cui è diretto l'uomo.

Ho parlato di apoptosi poc'anzi. Il fenomeno mi ha sempre affascinato, perché il trovare sparsi nel tessuto i resti di cellule viventi sottoforma di palline scure o di piccoli corpicciattoli rag-

---

[3] Cfr. Monod.

gruppati – i corpi apoptotici – mi suscitava sentimenti contrastanti: di piacere se a morire erano le cellule di un tumore, o di dispiacere se a morire erano i neuroni. Il nome è stato costruito da Kerr e collaboratori nel 1972 dai termini greci *apò* e *ptosis* per indicare un fenomeno simile alla caduta delle foglie dall'albero in autunno. Il mio amico Stavrou Baloyannis, professore di neurologia all'Università Aristotelica di Salonicco, grande grecista e umanista, un giorno durante un convegno a Istanbul, proprio sull'apoptosi, mi corresse l'interpretazione del termine: non indica il cadere delle foglie morte dall'albero, ma il loro giacere, morte, sulla terra sotto l'albero. Sottile, ma vero. Se lo diceva lui, sommo grecista, non potevano sussistere dubbi. Poiché il termine non esisteva nel greco antico, ma è stato coniato da Kerr e compagni[4], l'interpretazione di Baloyannis doveva riguardare principalmente e ovviamente la preposizione *apò* che riferita alla *ptosis* (caduta) doveva tradursi con "dopo" e non con "da". Il termine apoptosi, poiché si riferisce a cellule che muoiono o che sono morte, richiede la disquisizione se la foglia quando cade dall'albero sia già morta o morirà dopo, sul terreno, e se i meccanismi molecolari che operano il distacco della foglia precedano la sua morte o meno (Fig. 38).

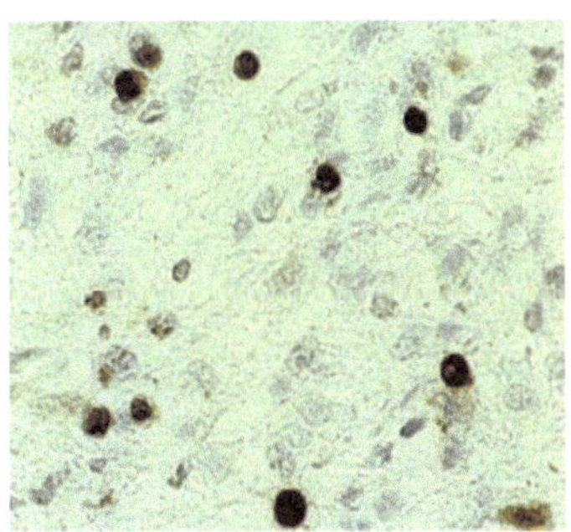

Fig. 38 A Apoptosi. Nuclei apoptotici in un tumore; B foglie morte giacenti sotto l'albero

4 Kerr JFR, Wyllie AH, Currie AR. Apoptosis: a basic biological phenomenon with wide ranging implications in tissue kinetics, *Br J Cancer* 1972; 26: 239.

In genere, le cellule dei tumori maligni sono piccole, numerose, con il nucleo scuro, raggruppate o isolate, spesso associate alle mitosi che rappresentano i loro schifosi parti. Fanno di tutto per non farsi vedere. Sanno che qualcuno le sta cercando e riducono la loro visibilità; hanno qualcosa di subdolo e si infiltrano nel campo cespuglioso del tessuto con l'intenzione di fare del male. Il trovarle può porre fine allo studio, ma non è piacevole. La frequenza con cui queste cellule si presentano è frutto della perdita di "inibizione da contatto" che è un fenomeno opposto a quello della prossemica ed è tipico di tumori maligni e legato proprio alla trasformazione maligna. Le cellule maligne se fossero uomini sarebbero cattivi e sanguinari (Fig. 39A).

Qualche volta l'aspetto sereno, disteso ed elegante delle immagini nel campo assorbe l'attenzione dell'osservatore e lo rilassa (Fig. 39B). La visione di un bel neurone corticale con il dendrite apicale che si assottiglia, il grosso nucleo chiaro con un nucleolo scuro e un citoplasma ricco, circondato dai suoi satelliti gliali, dà l'impressione di una famiglia o di una cooperativa dove, in assoluta tranquillità, ognuno contribuisce come può per il funzionamento (Fig. 27B). Il funzionamento è lui: il neurone, quello che pensa, che agisce, che sente, che si correla. Gli altri lo nutrono, lo proteggono. Gli oligodendrociti, ricchi in attività enzimatiche del ciclo dei pentosi, si è pensato forniscano ai neuroni proprio pentosi per le loro necessità oppure li aiutano nella trasmissione dei segnali. Certe volte si vede un neurone morente circondato da molti satelliti e le male lingue hanno subito parlato di "neuronofagia" e cioè dei satelliti che mangiavano il neurone. È un'immagine angosciosa dell'eroe vinto che richiama quella dello "Schiavo

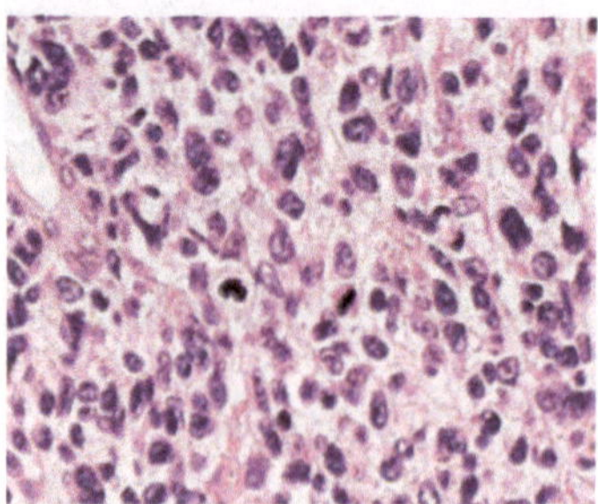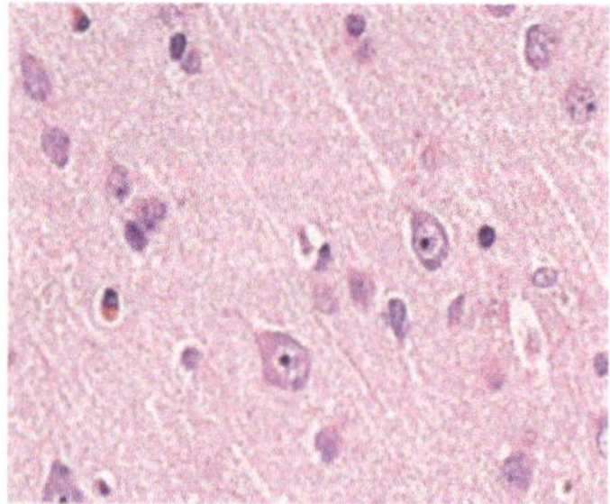

Fig. 39 A *cellule piccole e maligne;* **B** *i maestosi neuroni*

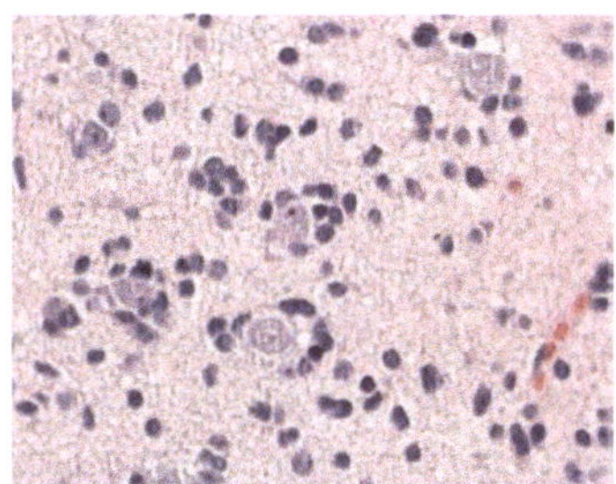

*Fig. 40 A il neurone morente attorniato dai satelliti; **B** lo "Schiavo morente di Michelangelo"*

morente" di Michelangelo e induce sentimenti di pietà. Poi si è visto che non è così. I satelliti non mangiano affatto il neurone, anzi lo aiutano, per lo meno a morire (Fig. 40).

Un'altra immagine, elegante ed evocatrice di sentimenti buoni, è quella degli astrociti che inviano prolungamenti sui vasi, i "pedicelli peri-vascolari" (Fig. 37B). Le terminazioni dei processi astrocitari si appoggiano sulla parete del capillare e sembrano dire: "io mi appoggio a te e ti rinforzo nella 'barriera ematoencefalica' e cioè in quella barriera che le tue cellule endoteliali fanno verso le sostanze nocive del sangue. Tu in compenso mi nutri". Certo, è molto difficile vedere la costruzione della materia vivente senza finalità ultime e far rientrare tutto nel "caso e la necessità". Può darsi benissimo che tutto ciò rientri nella filosofia del "come se"[5] che ci obbliga a comportarci come se certe cose fossero vere.

Il cancro è un'etichetta spaventosa: un granchio maledetto che affonda le sue zampe pelose e micidiali nella carne della vittima. Ebbene questa immagine non è molto lontana da quella che vediamo nelle digitazioni di cellule cancerose (Fig. 41) che si insinuano nel tessuto sano.

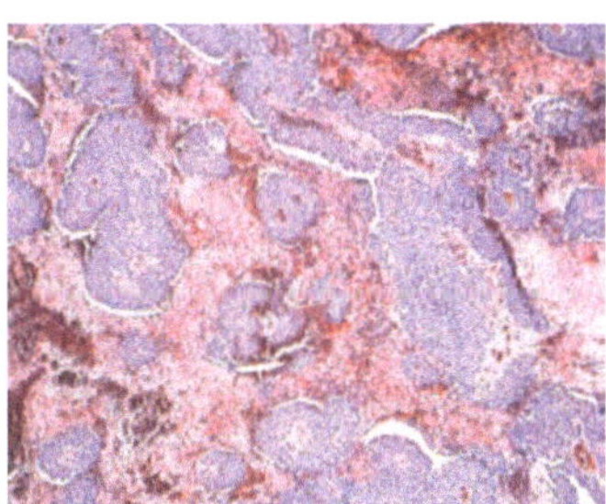

Fig. 41 Digitazioni cancerose nel tessuto sano

Quando nel tranquillo tessuto nervoso vediamo evidenziarsi gruppi o schiere di cellule estranee, che non sono quelle abituali della pulizia o dell'infiammazione, ma di forme e colori violenti e aggressivi che stonano con l'ambiente bucolico del tessuto, ci viene la pelle d'oca. *Horribile visu*, una metastasi. Sono veramente brutte le cellule del cancro in confronto alla delicatezza e al complicato e intelligente disegno dei neuroni. Al concetto del *kalòs kai agatzòs* dei greci in cui rientra il neurone dell'intelligenza e della bellezza si oppone quello del *brut e cativ* dei milanesi, riferito alle cellule cancerose. D'altronde possono le cellule cancerose esprimere qualcosa di umano o di bello? Di bello sì, se si fa uno sforzo per enucleare qualcosa di estetico dal male, di umano no. Pensiamo semplicemente alle immagini di complicata bellezza delle necrosi circoscritte con pseudo-palizzata dei glioblastomi o ai mosaici dei medulloblastomi; belle come un bell'annuncio mortuario o come i festoni a lutto neri e oro delle camere ardenti. Sono di bellezza algida e non ispirano simpatia. Tutto quello che possiamo chiedere a strutture simili non è certo simpatia o solidarietà, ma semplicemente che ci svelino una buona volta il segreto biologico che le supporta. Il primo pensiero che inducono in noi è quello di escludere che il loro processo biologico appartenga alla generale teleonomia dell'essere vivente regolato da quell'"amor che muove il sole e le altre stelle". Purtroppo, la scienza oggi ci dice che l'origine del cancro è casuale, così come quella della vita, per cui se qualcuno ha creato la vita, ha creato anche il cancro. Qui il discorso si fa complicato.

∘○○ **Le scienze ancillari**

La patologia si è continuamente evoluta a partire da Virchow nella
metà del XIX secolo. L'invenzione del microscopio, avvenuta un
secolo prima, ha consentito l'esplorazione della realtà biologica
ben al di là delle possibilità dell'occhio umano consentendo l'e-
splorazione a livello cellulare, che ha cominciato a dare frutti proprio in quell'epoca. Come ho già detto, per una sempre migliore
osservazione il materiale da esaminare è stato progressivamente
elaborato in modo sempre più complesso per poter essere studiato al microscopio e giungere a noi sotto forma di percezione
visiva. Questa ovviamente è rimasta la stessa, ma la qualità e quantità delle immagini sono fortemente migliorate nel tempo. Alla
classica istologia a un certo punto si sono aggiunte la chimica, poi
l'istochimica, l'istoenzimologia, l'immunoistochimica, senza contare la microscopia elettronica, l'osservazione in fluorescenza e
molte altre tecnicalità che includono per esempio il *cell sorting*, il
miglioramento delle colture *in vitro* fino all'analisi molecolare della
cellula singola con tecniche laser. Si è scesi a livelli di ingrandimento impensabili fino a qualche decennio fa con la microscopia
elettronica e fino all'uso del microscopio a scansione. Anche il
microscopio ottico ha subito una profonda evoluzione fino agli
attuali sofisticati microscopi polifunzionali. Rimane però incontrovertibile che la via finale dell'introito dell'informazione è rimasta
la percezione visiva. I progressi tecnici verificatisi nei vari campi
l'hanno arricchita e affinata, ma contemporaneamente hanno
anche profondamente modificato il vissuto specifico che gioca un
ruolo fondamentale nell'interpretazione finale.

Un problema importante e che di tanto in tanto viene sollevato da qualcuno è se esista un effetto secolare sul substrato organico del mondo esterno, in base al quale le cellule nervose che noi vediamo oggi, a prescindere dai diversi mezzi tecnici, sono le stesse che ha visto Virchow o Cajal o che avrebbe potuto vedere Plinio il Vecchio, se avesse avuto il microscopio, o Ippocrate. Qualcuno in letteratura risulta che abbia notato un effetto secolare. Per esempio, è stato osservato che certi tumori, come gli astrocitomi cerebellari, avevano un fenotipo diverso negli anni 1920-1930 rispetto agli anni 1980-2000. Questo potrebbe essere dovuto semplicemente al fatto che negli anni più vicini a noi sono stati diagnosticati e operati in anticipo rispetto agli anni più lontani e quindi erano più piccoli e duravano da meno tempo rispetto agli anni precedenti, per via dell'evoluzione clonale dei tumori. Da aggiungere ancora che il miglioramento delle tecniche neurochirurgiche e radiologiche hanno esteso l'indicazione chirurgica a tumori un tempo giudicati inoperabili. La differenza che è stata riscontrata è sì un effetto secolare, ma non nel senso indicante un cambiamento evolutivo dei tumori. In realtà attenendoci all'evoluzione darwiniana delle specie dovremmo attenderci un effetto non secolare, ma epocale che si traduce nella nascita di una nuova specie per speciazione. Ma questo riguarderebbe alcune caratteristiche macroscopiche che superano i limiti genetico-fenotipici della specie. Sicuramente queste modificazioni si accompagnano con o sono sostenute da piccole modificazioni microscopiche sicuramente non documentabili nel giro di un secolo o due. D'altronde se l'ontogenesi ripete la filogenesi, potremmo trovare nell'uomo, con il passare del tempo, le stesse differenze a livello neuronale, per esempio, che ci sono fra l'uomo e i primati. Ma tutto ciò non può avvenire in tempi storici e comunque troverebbe altre spiegazioni, sapendo che grandezza e numero dei neuroni sono in rapporto molto variabile con la mole corporea e la durata della vita delle specie animali.

Partendo dal presupposto che si succedano quattro generazioni in ogni secolo, si può calcolare che dalla nascita di Cristo a oggi vi siano state ottanta generazioni e quindi dalla comparsa dell'*homo sapiens* non più di quattrocento generazioni. Accontentiamoci quindi di vedere al microscopio le stesse cose che avrebbe visto Seneca o il re Salomone.

Il progresso scientifico, conseguito alla matematizzazione della natura di Galileo Galilei e alla legge gravitazionale di Isacco Newton, ha comportato, accanto allo sviluppo del microscopio, anche quello delle scienze che lo usano, come l'istologia e la patologia e delle scienze biologiche, oggi molto sofisticate, che ci hanno consentito l'esplorazione biologica a livello molecolare e anche più in giù, con il coinvolgimento di geni e proteine, e la computerizzazione e informatizzazione e robotizzazione di tutto. La medicina si è sviluppata corrispondentemente e la scoperta dei raggi X a opera di Wilhelm Conrad Roentgen nella prima metà del XX secolo ha dato inizio a un poderoso sviluppo che ha condotto alle più sofisticate risonanze magnetiche e alle tecniche PET.

Tutte le discipline si sono sviluppate parallelamente e interrelazionandosi l'una con l'altra in due modi: nell'ambito della medicina con la finalità della cura delle malattie, ma anche secondo una logica propria. Esistono quesiti interni a ciascuna delle discipline e quesiti medici con il fine ultimo della terapia delle malattie cui queste devono rispondere. La patologia e la neuropatologia, come altre discipline, hanno sfruttato lo sviluppo delle discipline affini, così come queste hanno sfruttato le prime e ciascuna si è servita delle altre e tutte si distribuiscono in scale gerarchiche che vedono ogni disciplina in testa a una piramide. Chi non ricorda il famoso libro di Pearse[1] di istochimica che era sui banconi di tutti i laboratori di patologia e veniva usato come il Vangelo o il *cook book* dalle giovani avanguardie della ricerca. Fu seguito subito dal libro di Barka e Anderson[2], che era dello stesso tipo. Si può dire che la patologia e la neuropatologia si sono servite dell'istochimica e poi dell'immunoistochimica, ma anche l'opposto, a seconda di chi consideriamo come capofila. Fra le discipline esiste oggi un *continuum* in cui si possono riconoscere delle salienze dove più specificatamente emergono le caratteristiche proprie di ciascuna. Queste discipline sono ancillari tra di loro. Ancillari alla neuropatologia o alla patologia, ma capofila in un'altra piramide

---

[1] Pearse AGE. *Histochemistry. Theoretical and applied*, Churchill Livingstone, Edimburgo, 1960.
[2] Barka T, Anderson PJ. *Histochemistry. Theory, Practice and Bibliography*, Herper&Row, New York, 1965.

così come la neurologia, la psichiatria, la neuroradiologia, la neurochirurgia, tanto per rimanere nell'ambito neuro, ma anche l'oncologia, la genetica molecolare, l'epidemiologia, etc.

Possiamo ordinare lo scibile umano nel campo biomedico come sotteso al vecchio concetto di malattia secondo Virchow, che si componeva dei settori canonici come si trovavano in tutti i trattati di patologia medica: definizione, eziologia, patogenesi, anatomia patologica, sintomatologia, diagnosi, prognosi e terapia. In questa distribuzione, la patologia si trova all'imbuto finale che conduce alla percezione visiva al microscopio, ma ha coinvolto altre discipline nel costruire gli oggetti che saranno alla fonte delle percezioni. Queste erano un tempo le cosiddette "tecniche" di cui il patologo deve conoscere le procedure, le basi scientifiche, i razionali e le considerazioni critiche. Deve quindi averle nel suo vissuto scientifico accanto alla patologia. In parole povere un patologo dev'essere anche un po' istochimico, immunoistochimico, esperto di fluorescenza e immunofluorescenza, etc. Contemporaneamente queste tecniche sono diventate oggi discipline autonome con sviluppo proprio che, quando fungono da capofila nella gerarchizzazione, usano la patologia che a sua volta diventa in questo modo loro ancillare.

Immaginiamo di osservare un campo microscopico di una preparazione per la GFAP, la proteina acidica gliofibrillare degli astrociti, e facciamo delle considerazioni interpretative. Intanto perché la GFAP? Perché si vuol vedere se certi elementi cellulari esprimono la proteina e quindi appartengono alla glia astrocitaria. E perché? Perché così si può distinguere un tumore gliale da uno non gliale, per esempio. Come si fa? Si fa reagire un anticorpo con la proteina, in opportune condizioni che si conoscono, con una reazione che esita in un prodotto colorato, per esempio giallo-brunastro. Se lo vedi vuol dire che c'è la GFAP e se non lo vedi questa non c'è? Non è proprio così, perché possono esserci artefatti con falsi positivi e falsi negativi nel caso che la reazione sia aspecifica o che l'antigene sia mascherato. E allora? Si rifà la reazione cambiando le diluizioni o il tempo di reazione in un caso oppure si smaschera l'antigene nell'altro caso. Come lo si smaschera? Si usa il forno a microonde oppure un amplificatore. Poi c'è l'osservazione al microscopio e qui devi usare il linguaggio della mente. Ma quanti prolungamenti hanno le cellule di glia! Sembrano dei ragni.

Sono più colorati i processi del citoplasma, e già la proteina è sintetizzata nel citoplasma e poi è fibrillogenetica e le fibrille vanno nei processi. Sui vasi vi è un denso manicotto di fibre positive. Certo questo è un tumore e quella potrebbe essere una *niche* oppure anche fatta di astrociti normali reattivi peri-vasali. Guarda questo cellulone tutto solo e non colorato. Certo, è un neurone. È un esempio di come si usa una disciplina ancillare.

A ogni riconoscimento nel campo microscopico segue un'interpretazione, ma ogni riconoscimento implica già un'interpretazione contemporanea che serve proprio al riconoscimento. Si può dire che l'integrazione dello stimolo luminoso nel vissuto è immediata e praticamente quando lo stimolo viene riconosciuto è già perché è stato interpretato sulla base delle immagini mentali. Potrebbero avere ragione i razionalisti? Per non complicare le cose, diciamo che esiste un'altra interpretazione, posteriore e più elaborata ed è quella che la mente fornisce dopo aver riconosciuto molti oggetti in combinazione tale da corrispondere a dei *patterns*. Questa è quella diagnostica o nosografica.

È fondamentale che chi fa della neuropatologia al microscopio dev'essere versato anche in alcune delle scienze ancillari. Se non lo è deve diventarlo, se non altro perché il progresso scientifico, che avanza come un fronte unico in tutte le discipline, lo richiede. Di un oggetto non è più sufficiente il semplice riconoscimento; bisogna anche rispondere ai quesiti che nel tempo si pongono sempre più numerosi e pressanti. Di un oggetto bisogna anche dire di che cosa è fatto, perché si è fatto e che significato ha, se si vuol contribuire al progresso nella propria disciplina. Le risposte ai quesiti servono per la diagnosi, la prognosi e soprattutto per inserire gli oggetti in quel fronte unico di avanzamento di cui si è detto.

Gli esempi sono anche qui infiniti. Demenza è un termine equivoco che denuncia sia uno stato mentale deficitario, e pertanto è un sintomo o una sindrome, oppure una malattia. Esistono numerosi tipi di demenza come malattia: si va da quella di Alzheimer alla fronto-temporale, dalla frontale di Pick a quella da corpi di Lewy, da quella vascolare a quella post-traumatica e via discorrendo. Quando si deve diagnosticare una demenza al microscopio si usano criteri quali la localizzazione delle lesioni, il tipo di lesione e le sue caratteristiche chimico-immunologico-molecolari, ma il quadro clinico è quello che dà l'indirizzo generale di studio. Qui vale l'aforisma già citato che dice: "un cervello senza cartella clinica vale tanto quanto una cartella clinica senza cervello". È quindi importante che chi si accinge a studiare un cervello con sospetta demenza conosca la clinica neurologica e abbia a disposizione tutti i dati clinico-biologici del caso. Analogamente quando si diagnostica un tumore bisogna avere gli stessi dati e può succedere che ci si debba basare per la prognosi e la diagnosi su caratteristiche molecolari che bisogna conoscere e ricercare. Se devo cercare se in un dato tumore c'è una co-delezione di 1p e 19q, devo sapere che cosa sono le co-delezioni, come si cercano, anche se non si è personalmente coinvolti nella procedura pratica, e che significato hanno. Questo vuol dire che debbo avere conoscenze di biologia molecolare che un tempo non erano richieste. La stessa cosa vale per conoscenze, almeno basali, di neuroradiologia. Ecco a che cosa servono le scienze ancillari.

Il riconoscimento degli oggetti nel campo microscopico richiede quindi per l'interpretazione informazioni che non vengono solo da una loro percezione visiva, e tanto maggiore sarà l'estensione delle informazioni a disposizione per l'integrazione della nuova percezione, tanto maggiore sarà la precisione dell'interpretazione valutativa generale. Le informazioni sono quelle che provengono dallo studio della neuropatologia e delle scienze ancillari, ma non sono escluse né tanto meno inutili tutte quelle che provengono dalla cultura generale dell'osservatore. Morale della favola, più colto sarà l'osservatore migliori saranno le sue prestazioni, specie nell'ambito del cervello dove una separazione netta fra le sue scienze e le altre, quelle di varia umanità incluse, non è tracciabile. Questo naturalmente a parità di capacità analitico-sintetica, critica e intelligenza.

°○○ **L'interpretazione seconda**

Questa è la fase del processo in cui l'effetto del vissuto scientifico è più evidente. Bisogna dare un significato a quanto è stato osservato e cioè mettere in ordine gli oggetti riconosciuti, stabilirne le relazioni e trovare il processo che li esprime attraverso la sua corrispondenza con il *pattern* mentale. Per fare questo bisogna sceglierlo fra tutti i possibili *patterns* di cui si dispone, sia che li si sia acquisiti per esperienza diretta, cioè attraverso il vissuto microscopico, sia interna, cioè attraverso lo studio. Quindi bisogna disporre di una cultura specifica in quella disciplina. In secondo luogo, bisogna sempre considerare che il frammento di materia o di corpo umano che si è esaminato non è piovuto dal cielo, ma è stato tolto a un qualcosa di esistente o a una persona che ha avuto una sintomatologia, ha fatto degli esami clinici, a cui è stata fatta una diagnosi clinica di un'affezione, che l'ha condotta in sala operatoria o alla morte, e adesso in base alla tua risposta le verrà fatta una terapia piuttosto che un'altra e anche una prognosi, che potrà essere buona o cattiva, o sarà fatta una diagnosi postuma; comunque si prenderanno delle misure o prenderai delle misure che non mancheranno di coinvolgerti come responsabile. Da te vogliono o tu vuoi una risposta operativa. Da te si vuole un'etichetta o una diagnosi, comunque un nome indicativo di quanto è contenuto in quel frammento di sostanza animale o umana che ti è capitato sotto l'obiettivo del microscopio e per fare ciò ti si presuppone, e devi avere, a parità di altre condizioni, un vissuto scientifico enorme e adeguato. La stessa cosa vale per le osservazioni su materiale animale sperimentale o su qualsiasi materiale dalla cui osservazione si vogliano trarre delle conclusioni. Bisogna fornire una valutazione o un nome finale che deciderà dell'osservazione o dell'esperimento.

Agli operatori che aspettano la tua risposta importa poco sapere se tu l'abbia o no questo vissuto. Se sei deputato a fornire risposte vuol dire che qualcuno ti ha messo lì valutandoti competente. Se non sei all'altezza peggio per te; le conseguenze del tuo errore ricadranno su di altri anzitutto e poi su di te, e se il fatto si ripeterà gli operatori invianti perderanno la fiducia e preferiranno sentire o sentire anche qualcun altro. Ecco perché ogni volta che ti trovi impegnato a fornire un nome non puoi tergiversare, non puoi menare il can per l'aia. Il nome lo devi dare sapendo che in quest'atto coinvolgi tutta la tua persona presente, passata e futura. Poiché non è umanamente possibile avere sotto forma di immagini mentali in quel momento tutta la tua esperienza, dovrai ricorrere ai libri in cui è condensata l'esperienza intersoggettiva in quel campo e cioè quella che va sotto il nome di scienza. Ecco perché il tavolo dei patologi è sempre ingombro da libri grandi e piccoli, trattati, monografie, atlanti in cui vai a reperire le immagini che nella fattispecie ti sembrano corrispondere. Ti sembrano corrispondere, perché anche in questo confronto puoi incorrere in errori per difetto di critica, per insufficiente attenzione, per scarsa attendibilità o vetustà del libro che consulti o perché anche questa dei libri è una percezione visiva, assoggettata a errori, di cui è già stato detto. Quante volte il patologo sente la necessità di consultare colleghi più esperti in quel campo inviando loro i vetrini o di ricorrere al meccanismo della telepatologia!

Si possono fare mille esempi. Può capitare di dover formulare una diagnosi dallo studio microscopico di un piccolo frammento del cervello di un paziente morto dopo una malattia clinicamente non diagnosticata, che però ha avuto una precisa sintomatologia. Il cervello è un organo complesso che ha una grande quantità di sub-organi e strutture specializzate e dispone di un'altissima organizzazione morfo-funzionale che contempla strutture diverse per funzioni diverse. In molte malattie neurologiche spesso è difficile la diagnosi – e questo è il motivo per cui si procede all'esame neuropatologico del cervello quando il paziente muore – e l'attribuzione dei sintomi a determinate strutture con identificazione di sindromi è la regola e spesso il nome stesso della malattia fa riferimento ai sub-organi interessati. Bisogna conoscere tutto questo e che il patologo o neuropatologo sappia tutto quello che sa un neurologo o quasi, compresa la tassonomia delle malattie. Non importa se si fa della neuropatologia in quanto patologi o neurologi. Se la fai devi disporre della cultura del neurologo e non solo libresca, ma di quella che proviene dalla manipolazione responsabile dei problemi e dei quesiti neurologici. Questo è il massimo, poi c'è una scala decrescente di condizioni e al di sotto di un certo valore vi è l'inadeguatezza dell'osservatore.

Questo è un problema molto importante. Ho fatto fin qui esempi dell'uso del microscopio a fini diagnostici in cui l'osservatore è responsabile del nome finale che fornisce al termine dell'osservazione di fronte a se stesso, al paziente, alla società. La stessa cosa tuttavia vale per un osservatore che compie un esame al microscopio per rispondere a quesiti suoi. Per esempio, ha deciso di vedere com'è fatto il giro dentato dell'ippocampo nel topo, oppure che cosa succede nel cervello del ratto se lo si traumatizza e se c'è *sprouting* dopo una certa manipolazione genetica. La sua risposta non avrà ripercussioni su terzi e non comporterà l'assunzione di responsabilità se non verso se stesso. Anche in questo caso è doveroso fare una distinzione fra un osservatore occasionale, dilettante, libero e curioso e un osservatore che agisce nell'ambito di una ricerca o di un esperimento, elaborati da lui, per avere risposte da gettare nella comunità scientifica mondiale. Il primo osservatore può dire quello che vuole; che abbia o no una preparazione, che si applichi o no dei controlli non ha importanza. Tutt'al più si ingannerà con false conclusioni, se l'osservazione non sarà stata corretta, ma non è detto. Il secondo osservatore una responsabilità ce l'ha e non solo di fronte a se stesso, ma di fronte ai colleghi, alla comunità scientifica e quindi alla scienza. Farà delle pubblicazioni, passerà al vaglio dei *peer reviewer*, sarà valutato.

Tornando alla neuropatologia, questo problema si può dire sia stato affrontato e forse anche risolto nei vari paesi con l'istituzione di Istituti o Dipartimenti di neuropatologia o di Patologia, meglio se con obbligo di *training* in neurologia dei tirocinanti. Recentemente per motivi di risparmio nella spesa sanitaria si sono trovate in alcuni paesi soluzioni incongrue a questo riguardo. In Italia la neuropatologia è stata semplicemente abolita come disciplina autonoma universitaria, però è sottinteso che faccia parte della patologia, anche senza obbligo di *training* in neurologia. E come si fa praticamente nelle varie sedi? Come dicono a Milano: *ranges*. Ciò significa che o i neurologi continuano a fare della neuropatologia, sempre più rari e non motivati, oppure la fanno i patologi. Per quanto concerne i tumori questi se la cavano benissimo, ma per la neuropatologia generale o si sobbarcano il carico di acculturarsi in neurologia o semplicemente non la fanno. Questo argomento esula dall'assunto di questo libro ma, dato che ci sono, completo il mio pensiero rilevando come oggi il numero delle autopsie negli ospedali sia fortemente diminuito, il numero dei cultori giovani anche e quindi questo pareggia il conto.

Sospendendo al momento questo problema e discutendo la questione indipendentemente dalla situazione odierna nel nostro paese, possiamo dire che le neuroscienze cliniche, come si definiscono oggi le discipline a prefisso neuro, stanno ovviamente in prima linea nel costituire il vissuto scientifico di chi fa della patologia del sistema nervoso. La neuropatologia fa parte delle neuroscienze, anche se contemporaneamente, specie in Italia, rientra nella patologia. È compresa nel gruppo anche la neuro-oncologia, pur essendo questa una disciplina prevalentemente clinica e riguardante il trattamento dei pazienti portatori di tumore cerebrale. Altre discipline sono ancora diventate indispensabili come l'immunologia, la biochimica, la biologia molecolare, la genetica, che sono state individuate come ancillari alla neuropatologia, mentre alcune che un tempo erano definite tecniche sono cresciute ai limiti della disciplina, come le colture *in vitro*, la statistica medica, etc. Esistono poi argomenti molto specifici in cui un patologo o neuropatologo o anche cultore di un'altra disciplina può specializzarsi. La microscopia confocale, le cellule staminali, i costrutti retrovirali, i microRNA, etc., per la loro importanza, si enucleano come settori autonomi. Non bisogna dimenticare che la stessa cosa è successa ad altre discipline; fa parte della loro evoluzione e del progresso scientifico. Nelle scienze neurologiche grande sviluppo ha avuto la neuropsicologia cognitiva, l'uso della risonanza magnetica a diffusione etc.

Ma allora – ci si chiede – il patologo che si occupa di sistema nervoso dev'essere un mostro di scienza? È umanamente impossibile chiedere tutto ciò a una mente. In effetti, tutto questo insieme culturale specifico è da attribuire alla disciplina neuropa-

tologia e va visto come una piramide alla cui sommità sta la patologia del sistema nervoso e sotto via via tutte le discipline e le tecniche, come ho già detto. L'esempio della piramide vale per tutte le
discipline e non solo per la neuropatologia. È come se le avessimo
tutte distribuite uniformemente su un piano come dei puntini e
toccando con una matita ogni puntino vedessimo tutte le discipline distribuirsi a piramide sotto di questo secondo un preciso
ordine, come succede con la calamita e la limatura di ferro. Mi piace
come immagine. Il patologo singolo non potrà conoscere tutto e
avrà maggior esperienza in certi settori della disciplina piuttosto
che in altri con conseguente gerarchia delle discipline ancillari.
Oggi per l'enorme ampliamento della disciplina neuropatologia
non si hanno dubbi sulla sua esistenza, ma sulla possibilità che un
individuo riesca a coprirla tutta dal punto di vista diagnostico sì.
Esiste la neuropatologia ed esistono singoli neuropatologi specializzati in qualche settore. Non esiste più il neuropatologo universale, come ho dimostrato recentemente[1].

Questo contrasto si verifica in tutta la medicina e si è acuito
negli ultimi vent'anni, mano a mano che hanno avuto grande diffusione le scienze di base, o sono state privilegiate, perché di maggior prestigio o forse perché più capaci di fornire soluzioni e avanzamenti. Lo dice molto bene Feinstein[2] che, attraverso una serie di
pubblicazioni, ha parlato della distruzione della fisiopatologia
come ponte fra il laboratorio e il letto del paziente (*from bench to
bed*) dovuta al privilegio delle scienze di base. Feinstein analizza il
ragionamento diagnostico e individua fra l'*input* dei dati e l'*output*
della diagnosi delle stazioni intermedie che sono i domini e i disordini che conducono alla costruzione di algoritmi clinici[3]. In patologia Feinstein distingue i disordini (*disorders*) e gli sconvolgimenti
(*derangements*) fino alle identità anatomo-patologiche. Non so

---

[1] Schiffer D. The history of Neuropathology in Italy, *Neuropathology* 2010;
29: 177-181.

[2] Feinstein AR. Basic biomedical science and the destruction of the patho-
physiology bridge from bench to bedside, *The Am J of Medicine* 1999; 107:
463-467.

[3] Feinstein AR. An analysis of diagnostic reasoning. I: The domains and disorders of clinical macrobiology; II: The strategies of intermediate decisions; III: The
construction of clinical algorithms, *Yale J Biology and Medicine* 1973; 46: 212.

fino a che punto lo schema di Feinstein sia applicabile alla patologia del sistema nervoso. Sicuramente è un dato di fatto che le scienze di base, per esempio la biologia molecolare, abbiano acquistato un'importanza speciale nelle scienze biomediche, ma tendono ad autonomizzarsi nel processo clinico-diagnostico e a porsi delle finalità che esulano da quelle della medicina, che sono quelle di curare i pazienti. Ma questo è inevitabile e tutto dipende dal punto di vista. Si veda l'esempio della piramide citata prima.

Tempo fa avevo fatto un'altra considerazione sul punto trattato da Feinstein che riguardava il progresso delle scienze biomediche[4]. Avevo detto che l'approfondimento scientifico in una disciplina, lo svolgimento cioè di quesiti sempre più specifici, implica lo sconfinamento in discipline ancillari e la perdita in superficie di competenze nella disciplina di partenza, perché viene trascurata col passare del tempo. Mi sembra calzante a questo proposito il gioco della *matrioska*. Il neurologo che usa per la ricerca la biologia molecolare ha alcune possibilità di compatibilità. La prima è quella di approfondire la biologia molecolare del sistema nervoso lavorandoci direttamente, il che significa dedicarvi molto tempo e proprio quel tempo che dovrebbe essere dedicato ad approfondire la neurologia per continuare a essere neurologo. Continuando su questa strada si ritroverà a essere un ottimo biologo molecolare, ma non sarà più un neurologo competitivo, pur conservando conoscenze di neurologia generali e basali. La seconda possibilità è che si avvalga di collaboratori biologi molecolari che provvedono alle progettazioni, alle metodologie e al lavoro. Dopo un po' di tempo il neurologo continuerà a essere neurologo, ma non sarà più in grado di progettare ricerca in biologia molecolare, perché gli mancheranno i supporti di questa scienza ancillare. La terza possibilità è che sia lui a collaborare con biologi molecolari che guideranno l'indagine e quindi in una ricerca dove sarà la neurologia a essere ancillare. Ho scelto l'esempio della neurologia e non della neuropatologia perché le differenze sono più nette. In quest'ultima disciplina c'è più compatibilità, ma questo implica un maggior lavoro.

---

[4] Schiffer D. *Diario di uno scienziato*, CSE, Edizioni del Capricorno, Torino, 2005.

Forse sono stato un po' troppo schematico, ma oggi questo rappresenta un problema che investe l'identità di chi fa ricerca o si occupa di qualcosa di scientifico. In pratica significa che, in riferimento alla ricerca, ognuno si etichetta per quello che fa. È ovvio che questo schema non vale per il versante professionale e che colmare il contrasto fra i due settori richiede un impegno massimo e tanta volontà.

La patologia dei tumori come base fondamentale per neurochirurghi e neuro-oncologi

Nel campo dei tumori cerebrali si svolge un gioco a quattro fra neurochirurgo, neuropatologo o patologo, neuro-oncologo e neuroradiologo. Le tecniche chirurgiche sono cambiate nel tempo e così quelle di neuroradiologia (Risonanza Magnetica funzionale, a diffusione, a più di 1,5 Tesla, spettroscopia, angiografia, etc.) che hanno consentito diagnosi più precoci. Giungono al tavolo operatorio tumori più piccoli e si cerca di salvaguardare di più il tessuto sano. Anche per le modalità tecniche di asportazione del tumore, la quota di tessuto che giunge al patologo è nettamente diminuita rispetto a un tempo. Come ho già detto nel capitolo "L'attenzione", non è raro il caso in cui questa quota non sia rappresentativa del tumore e il patologo debba utilizzare per la diagnosi elementi estranei alla patologia, come per esempio l'aspetto macroscopico fornito dal neurochirurgo e soprattutto quello neuroradiologico, e fornire al neurochirurgo formule diagnostiche interlocutorie. L'etichetta diagnostica del patologo diventa non più trasferibile direttamente alla terapia, ma dev'essere mediata. Spesso il patologo si sente in obbligo di informare il neurochirurgo su quale sia l'interpretazione da dare alla sua risposta. Molto meglio sarebbe se il neurochirurgo conoscesse a fondo la dinamica biologica dei tumori per interpretare la diagnosi fornitagli dal patologo. Questo vale anche per il neuroradiologo e per il neuro-oncologo. Ma, è sempre così? Capita che la preparazione biologica sui tumori lasci a desiderare. Nella mia esperienza ne ho conosciuti più d'uno che hanno regolarmente studiato al microscopio i tumori da loro operati.

Ricordo il neurochirurgo del nostro ospedale di tanti anni fa. Verso la fine degli anni Cinquanta la neurochirurgia non era ancora separata dalla neurologia e tutti i pomeriggi, finito di operare, arrivava in laboratorio ancora con il camice verde e il berretto da sala operatoria in testa e si sedeva al microscopio. Esaminava i preparati estemporanei dell'intervento di quel giorno e guardava quelli definitivi dei giorni precedenti. Faceva domande, discuteva e voleva "vedere" personalmente quello che aveva operato. Quando operava casi di epilessia veniva a vedersi i preparati e rendersi conto del limite della sua exeresi. Evidentemente la conoscenza diretta del substrato biologico gli consentiva una migliore valutazione dell'intervento operatorio e della sua condotta chirurgica in genere. Il microscopio faceva parte della sua tecnica di aggressione alla neoplasia.

Ne ho conosciuti altri. Un neurochirurgo di Milano, negli anni Settanta, ogni giovedì se ne arrivava in laboratorio da me con una scatola di vetrini di tumori da lui operati la settimana prima e ci sedevamo al microscopio per discuterli uno per uno. Cos'è questo e cos'è quello, perché questo e perché quello? È andato avanti un anno intero nel suo acculturamento nella patologia dei tumori.

Un contenzioso fra neurochirurghi e patologi è rappresentato dalle biopsie stereotassiche che consentono il prelievo di una minima quantità di materiale da una lesione cerebrale senza intervento aperto. I neurochirurghi sono ambigui nei confronti di questa procedura: alcuni la usano spesso, altri sono più scettici. Per i patologi la diagnosi su quei piccoli frammenti è una dannazione, specie quando il prelievo non cade nella parte caratteristica del tumore. È questa l'eventualità più frequente di diagnosi cosiddette interlocutorie.

 # La base iponoica dell'interpretazione. Il mondo microscopico per gli altri

La conoscenza del mondo microscopico della biologia in genere non rientra nella cultura generale della gente. Nonostante dai media giungano spesso immagini, non si possiede di solito l'idea di come possa essere l'aspetto delle cose biologiche ingrandite mille volte e quindi è difficile che questo mondo possa essere immaginato. Almeno non meno di come la gente si immagina l'atomo in confronto a un oggetto nel campo del visibile. Se si mette al microscopio un profano, difficilmente riconoscerà oggetti nel campo, a meno che non abbia sufficiente sagacia e soprattutto possegga immagini mentali adeguate, magari di origine scolastica o libresca. Di primo acchito rimarrà meravigliato, sorpreso e affascinato dalle forme e dai colori e farà fatica a orientarsi negli ordini di grandezza, come successe a me la prima volta che misi un occhio sull'oculare di un microscopio. Se venisse obbligato a esprimere un giudizio, la sua impressione sul campo dovrebbe fare ricorso a quel crogiuolo fluttuante che è la sua memoria a lungo termine con tutti i meccanismi iponoici e ipobulici associati. Sarà un po' come trovarsi di fronte a un quadro astratto o non figurativo ed essere invitato a esprimersi su che cos'è, tenendo conto che guardando nel microscopio sa di trovarsi di fronte a una realtà naturale, mentre guardando un quadro non potrà fare a meno di pensare che è un artefatto e che qualcuno l'ha dipinto. Il profano ovviamente ignorerà tutto il ragionamento, abbozzato nella parte iniziale del libro, sulla "realtà" di quanto si vede al microscopio. Il particolare rapporto che si crea fra il profano che osserva e la realtà osservata è invece conosciuto molto bene dai pittori o artisti

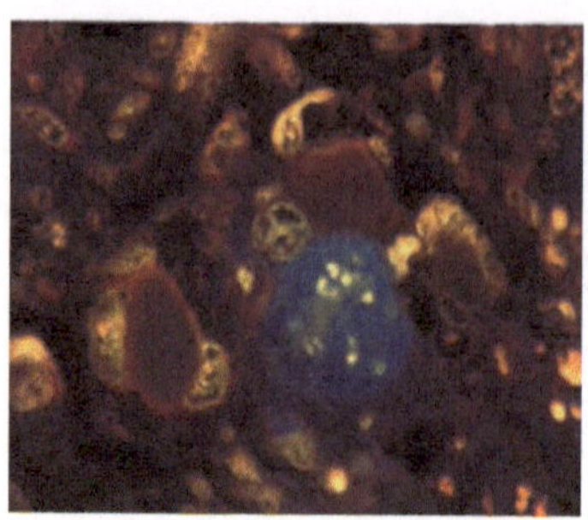

Fig. 42 *Immagini di un glioblastoma in fluorescenza secondaria*

moderni che mirano a colpire la sfera emotiva dello spettatore, anche utilizzando realtà naturali e anche non nascondendo la loro origine a chi guarda.

Molti anni fa studiavo i tumori con metodi a fluorescenza utilizzando fluorocromi e soprattutto l'Arancio di acridina. Questi, eccitati, emettevano spettri luminosi differenti che andavano dal verde al rosso intenso attraverso tutta una scala di frequenze. I vari colori indicavano stati diversi dell'RNA e del DNA nelle varie forme cellulari. In quel periodo frequentavo un circolo di artisti, per lo più pittori astrattisti, che facevano capo a Piero Simondo. Era stato mio compagno al collegio universitario come studente di chimica. Usava la pittura in un modo originale che stava fra la filosofia e la rivoluzione. Al circolo aderiva gente di varia cultura. Una sera portai con me delle diapositive di campi microscopici di tumori trattati per la fluorescenza e chiesi di poterle proiettare, senza dire come avevo ottenuto quelle immagini (Fig. 42, 43). Furono tutti attentissimi e, finita la proiezione, lessi sulla faccia di tutti lo stupore e la fascinazione. Avevano assistito in silenzio assoluto e dai loro sguardi deducevo meraviglia ed emozione e chiesi a tutti che cosa ne pensassero. Le domande che mi fecero furono:

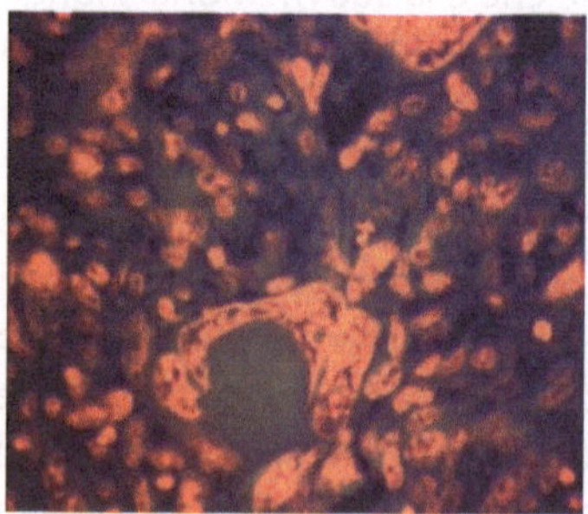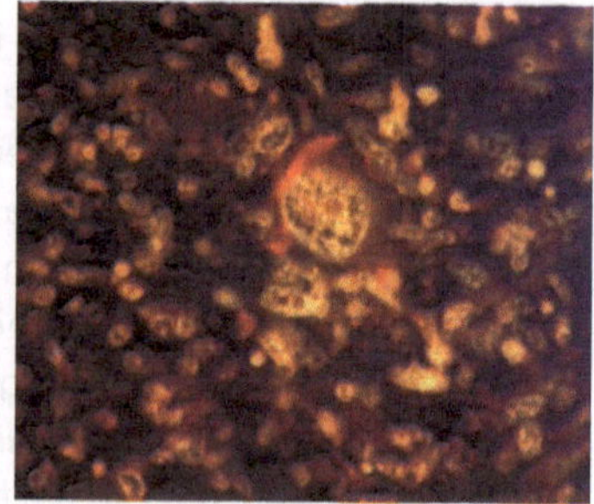

Fig. 43 *Immagini di un glioblastoma in fluorescenza secondaria*

"Che cosa sono?"

"Con che tecnica pittorica le hai ottenute? Non è olio, né acquerello, né collage".

"Impressionante, ma questa è una rivoluzione".

Nessuno capì di che cosa si trattasse, ma tutti furono concordi nel dire di aver subìto una forte emozione e di apprezzare le immagini viste. Quando dissi che si trattava di immagini del cancro l'orrore si unì al godimento estetico. Mi subissarono di domande che tradivano l'oscillare del loro animo fra la repulsa e l'attrazione. Mi sollecitarono a presentarle in consessi artistici importanti, a pubblicarle. Risposi che l'avevo già fatto e citai la rivista scientifica in cui le avevo pubblicate. Seguì la solita discussione che chiede se un artista che presenta un prodotto, non frutto della sua arte, sia ancora da considerarsi artista o no, oppure in che cosa consista la sua arte. Vennero citati artisti che avevano esposto tramonti e marine reali o oggetti casuali non manipolati; venne discussa la finalità di un artista che è quella di provocare emozioni e via discorrendo con tutta la retorica sull'arte oggi e la sua reale natura. Venne in ballo la solita affermazione sull'arte, nata con il Rinascimento dalla dedialettizzazione della pittura che da informativa diventava autonoma, appunto arte.

Non chiesi ai partecipanti di dirmi che pensieri o sentimenti o emozioni avessero suscitato le mie immagini. Li avrei potuti usare come in un test, come fanno gli psicologi, che a me non interessava affatto in quel momento. Sicuramente le mie immagini avevano suscitato delle risposte e sicuramente in queste si erano inseriti frammenti del loro mondo iponoico e ipobulico. Era esattamente la stessa cosa che succede al microscopista incallito in cui ogni stimolo visivo proveniente dal campo evoca qualcosa dal suo sottofondo iponoico e ipobulico del vissuto, con la sola differenza che non trovandosi in una situazione estetizzante, ma diagnostica, deve trascurare e ricacciare questa intromissione emotiva non voluta per lasciare il massimo spazio alla razionalizzazione del percepito. L'ho notato più volte in me stesso.

I rapporti fra la natura e l'osservatore acquistano significati complessi quando si introduce fra i due qualcuno che cerca di presentare la prima al secondo. Questo qualcuno è il pittore che interviene con tutto il suo bagaglio tecnico e con il suo carico intellettivo-affettivo. Quando la realtà della natura diventa quella micro-scopica il rapporto fra i due diventa molto diretto, anche se tutto quello che hanno raccontato Paul Klee[1] e Wassily Kandinsky[2] non viene minimamente contraddetto. Il punto, la linea, le superfici, il chiaro-scuro, i colori, i passaggi, le combinazioni sono tutti strumenti del tentativo dell'artista di penetrare la realtà nella sua genesi, piuttosto che nella sua staticità, e di presentarla all'osservatore. Nelle concezioni teoriche il rapporto arte-natura ha una posizione centrale.

Nel rapporto fra osservatore e mondo microscopico interviene un fattore fondamentale, che è specifico di questo rapporto: il mistero e la fascinazione del mondo del piccolo che sono simili a quelli del molto grande, dell'universo. Questo vale non solo per l'osservatore profano, in cui è per così dire scontato, ma anche per l'esperto microscopista, specie quando studia la realtà microscopica alla caccia di qualcosa di nuovo. Quante volte è affascinato dagli oggetti del campo che attivano in lui associazioni psichiche di cui lui stesso diventa curioso, poiché scopre cose nuove dentro di sé come vecchi *qualia*, sentimenti, ricordi sopiti o ritenuti persi e via discorrendo.

Un giorno stavo provando una miscela di coloranti cationici per evidenziare il DNA e l'RNA e, non so che cosa fosse successo, ma applicata al tessuto nervoso uscì una colorazione dei neuroni e anche di altre cellule strana e indecifrabile. Vi era una sfumatura di colori che andavano dal blu intenso al verde erba ed erano inclassificabili. Qualche forma aveva un colore che non capivo se appartenesse al verde o al blu. Nel tentativo di dare un nome alle varie sfumature, indipendentemente dalle interpretazioni antropologiche sull'accoppiata nome del colore e colore, su cui non so molto, mi venne subito in mente che spesso i colori vengono definiti dall'oggetto che in natura li possiede: rosso sangue, verde erba o bandiera, blu marino, giallo canarino e via discorrendo. Si associò subito il pensiero che l'abbinamento dei colori dell'esistente con le sue forme o i suoi oggetti varia fra le diverse popolazioni. Ognuno sceglie un oggetto diverso per indicare lo stesso colore, o almeno

---

[1] Klee P. *Teoria della forma e della figurazione*, Feltrinelli, Milano, 1984.
[2] Kandinsky W. *Punto linea superficie*, Adelphi, Milano, 1968.

Fig. 44 *Seattle*

quello che si ritiene sia lo stesso colore. Questo è molto evidente comparando l'abbinamento colore-oggetto nelle varie lingue. Rientra in quel polimorfismo del linguaggio in rapporto a quello delle popolazioni su cui strutturalisti, semioti e linguisti discutono. Per esempio, perché noi diciamo "tocca ferro" in senso scaramantico e gli anglo-sassoni dicono "touch wood" (tocca legno)? Non so se esistano variazioni nella percezione dei colori dipendenti dalla strutturazione dell'apparato visivo, parallele all'eterogeneità delle popolazioni umane; è possibile. Ma, indipendentemente da questo approccio chiamiamolo esplorativo, mi accorsi che progressivamente la percezione dei colori nel campo microscopico si tramutava in godimento estetico e cominciarono ad affollarsi nella mia mente vecchi ricordi, sensazioni, stati d'animo finché prevalse decisamente un ricordo di qualche anno prima: Seattle.

Ero stato in questa bella e interessante città per un congresso. La chiamano *emerald city* (Fig. 44). In effetti la tonalità di colori prevalente in tutto il paesaggio era fortemente assimilabile allo smeraldo. Seattle è circondata da un arcipelago, il *Puget Sound*, e le numerose isole, frapponendosi fra la terra e l'alto mare, ammansiscono l'oceano pacifico cosicché nella baia non si vedono praticamente onde. I fitti boschi di conifere che ricoprono le isole scendono con il loro verde intenso a lambire il mare blu, senza una risacca. L'intero paesaggio è una marezzatura verde-blu, rinforzata dal clima costantemente piovoso e umido. Dicono a Seattle: "it isn't true that in Seattle it always rains, sometimes it snows" oppure "it isn't true that in Seattle it always rains; this summer we got sun: it was the 32nd July". La città mi era piaciuta molto, tant'è vero che ci ero ritornato qualche tempo dopo.

Il mio pensiero non si fermò al colore smeraldo. Come in una *revêrie* mi tornarono in mente le poderose maree di metri, l'enormità dei granchi del Pacifico e l'esistenza di catacombe, con tanto di visita guidata. Quando all'inizio degli anni Trenta avevano costruito il porto nuovo, lo avevano fatto poggiare su enormi palafitte, per evitare l'effetto delle maree gigantesche; praticamente avevano sopraelevato la parte della città prospiciente il mare, seppellendo la vecchia. Scendendo nei sotterranei si vedevano ancora le vecchie strade con i negozi e le loro insegne e la guida turistica indicava con orgoglio la data di apertura: 1928! Come noi potremmo indicare il Partenone o il Colosseo. Interessante era anche il suo racconto sul come era stato costruito il nuovo porto. I fondi erano stati reperiti imponendo una tassa alle prostitute che numerose affollavano le banchine, sempre frequentate da marinai di tutte le risme, specie orientali. Dovetti scuotermi dallo stato sognante per tornare a rivolgere l'attenzione agli oggetti nel campo microscopico.

Capita anche che non ci sia bisogno di un allentamento della tensione attentiva e dell'istituirsi di una *revêrie* per riconoscere un contenuto estetico agli oggetti del campo. Si pensi solo alla bellezza di una cellula giganto-piramidale impregnata con l'argento o di una cellula del Purkinje con il suo corpo arrotondato in basso e sfioccantesi in processi sempre più piccoli e lunghi al polo opposto. Quando penso ai bellissimi disegni dei neuroni che Cajal[3] ha fatto alla fine del XIX secolo sul suo libro di istologia, evidenziati con l'impregnazione argentica e che corrispondono ancora oggi a quello che si può vedere al microscopio usando il suo metodo, mi viene da pensare a quanto si sia divertito nel disegnare minuziosamente quelle figure meravigliose.

Un mio collega tedesco, il professor Benedikt Volk di Friburgo, al suo pensionamento pensò bene di raccogliere in un volume la composizione di varie immagini istologiche del tessuto nervoso, soprattutto le cellule del Purkinje e il giro dentato dell'ippocampo,

---

[3] Cfr. Cajal.

con la loro forma caratteristica per gli intenditori e strana per i profani, ripetute regolarmente più volte a comporre un quadro emozionante per la sua incomprensibilità. Oltre tutto queste figure erano associate nel libro ad altre immagini che a prima vista sembrano altrettanto incomprensibili e come dovute a un fervido ed elaborato immaginifico. In realtà si trattava di immagini tratte da sezioni trasversali di alberi con gli anelli concentrici dell'età, limate fino a uno spessore inferiore al millimetro e colorate. Non vi è alcun rapporto fra i due tipi di immagini, ma il profano non coglie la differenza del soggetto e assume le immagini come frutto di uno stesso disegno mentale. E in realtà poi è così: è stata la mente di Volk a unificare quello che vedeva già come unito. Il professor Volk ha intitolato la sua raccolta *Moduli della coscienza – Opere d'arte della natura. Una approssimazione*[4] e l'ha presentata come esempio di "sub-strutturalismo". Le immagini sono molto belle, ma soprattutto inducono nell'osservatore il concetto della ripetizione, della regolarità, dello stile e del ritmo che dovrebbero essere tipici degli oggetti artificiali e inanimati e distinguerli da quelli naturali. Fa però notare Monod[5] che invece non è così e che anche gli oggetti naturali possono avere aspetti artificiali ripetitivi, frutto dell'espressione di un progetto, di quella che chiama "teleonomia".

Voglio raccontare ancora una rievocazione che mi aveva molto colpito. Esiste un metodo per mettere in evidenza nel tessuto i macrofagi, quelle cellule che svolgono una funzione di spazzatura nel tessuto, "mangiando" le porcherie che trovano. Si usa un anticorpo e poi si rivela la reazione con qualcosa di colorato. Un giorno osservavo un campo di un tumore in cui le cellule erano tutte colorate in giallo. Era la GFAP con il suo anticorpo. Qua e là erano distribuiti i macrofagi colorati in rosso brillante con un loro anticorpo e un altro sistema di rivelazione. Ne risultava un quadro che si imponeva per la sua bellezza e rievocava i papaveri in un campo di grano (Fig. 45). Soffermandomi nella sua contemplazione estetica entrai in una *rêverie* in cui campi di grano giallo e maturo erano costellati di rossi papaveri che insieme a spighe e fiori ondeggia-

---

[4] Volk-Orlowski B. *Bausteine des Bewussteins – Kunstwerke der Natur. Eine Annäherung.*
[5] Cfr. Monod.

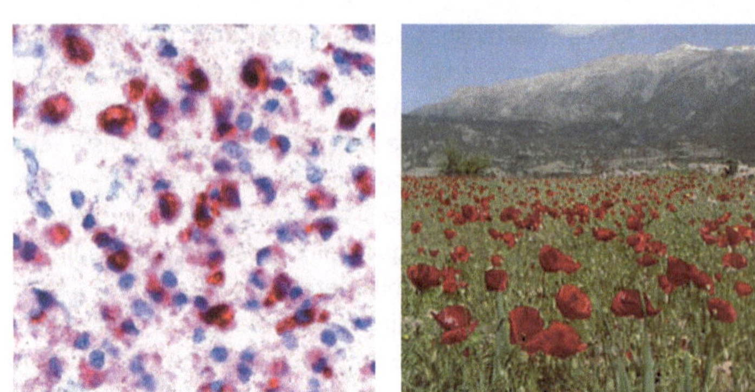

Fig. 45 A *macrofagi in rosso;* ***B*** *campo di grano con papaveri*

vano al vento tiepido della tarda primavera sotto un cielo azzurro. Le immagini trascinavano la musica di una dolce poesia di Rilke, "Ansia di fioritura", che diceva: "Ondeggiano al vento oscuri i prati. Brillano i fusti a tutte le betulle". Un senso di benessere mi pervadeva e di distensione, e mentre si dissolveva nella mia mente Van Gogh con il suo grano e la barba gialla, traluceva indistinta la figura di una bella ragazza che, quando ero ancora al liceo, incontravo spesso per strada. Aveva i capelli biondi raccolti in trecce legate sul capo che in seguito a un brutto tifo aveva perso. Un mondo decorso e bello si era aperto e chiuso in una frazione di secondo.

°○○ **Non scindibilità
del mondo microscopico
e di quello reale**

Esiste un tumore che si chiama linfoma di Burkitt che si caratterizza per l'alto numero di nuclei ammassati a mosaico con dei piccoli buchi chiari formati da macrofagi con il citoplasma vacuolato.
Il blu-viola diffuso dei nuclei interrotto da piccoli spazi rotondi e
chiari rassomiglia a un cielo stellato e questo aspetto è stato in
effetti denominato *Starry sky* (Fig. 46). Strano contrasto fra l'or-
renda malignità del tumore e la celestiale denominazione. Non so
come questa sia nata, ma immagino come l'aspetto istologico del
tumore abbia evocato nell'osservatore l'immagine mentale del
cielo stellato che doveva essere pronta a disposizione nella sua
mente, sospinta da qualche supporto della sua memoria. Eppure
l'accostamento mi sembra molto pertinente, soprattutto quando è
la visione di un cielo stellato che evoca l'immagine istologica del
tumore. Mi trovavo a Salt Lake City per un congresso e una sera ci
fu una gita sulle Montagne Rocciose, a tremila metri d'altezza, in

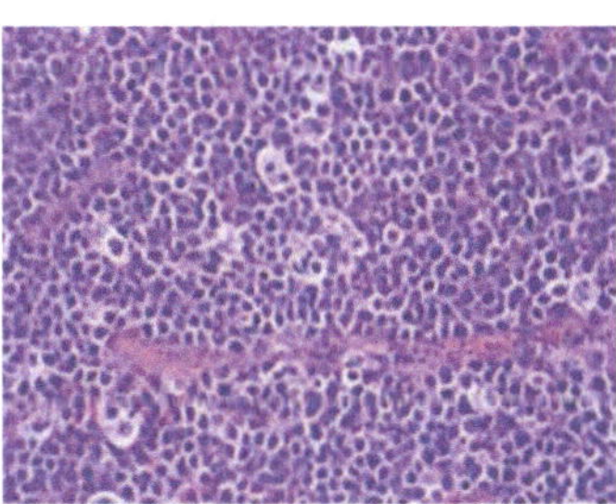

Fig. 46 A *linfoma di Burkitt;* **B** *cielo stellato*

teleferica. Passammo dall'inquinamento luminoso della città alla più pura visione di un cielo stellato che mozzava il fiato. Non riuscii a impedire che l'immagine istologica del Burkitt si affacciasse alla mia mente. Era una figura poetica alla rovescia.

Non c'è da stupirsi. Da quando l'uomo si è incuriosito del corpo umano è stato tutto un susseguirsi di denominazioni di sue parti con immagini tratte dal mondo reale o da sue immagini mentali. Come poteva fare per affrontare i misteri che veniva scoprendo, capirli e maneggiarli se non denominandoli? Era un omaggio *ante litteram* al Wittgenstein del *Tractatus* con il suo "dire" e "mostrare". Mi piacerebbe sapere se le denominazioni costituivano la sua conoscenza del reale o che affinità c'era fra di esse e la funzione che veniva attribuita al denominato. E poi oltre il linguaggio e la sua struttura, e cioè la logica, c'è qualcosa? Adesso non è il momento di spingere in questa direzione, tanto più che il problema non si è esaurito e persiste. D'altronde noi patologi riusciamo a capire le forme della materia, che altrimenti ci apparirebbero ben curiose, solo pensando a come si sono generate nel tempo o a quella che crediamo essere stata la loro evoluzione filogenetica. Tuttavia anche così ci sembrano curiose e pensiamo a come sarebbe stata possibile un'altra strada evolutiva per una struttura che doveva avere quella funzione oppure che ha quella funzione perché alle spalle c'è stata quell'evoluzione. Si arriva sempre a un punto morto, perché nell'evoluzione c'è sempre l'impatto con l'ambiente; c'è sempre di mezzo il *milieu*, l'*environment*, e quella funzione è puramente casuale, pur essendo stata generata in combinazione con mille altre funzioni.

A questo punto entra in gioco il problema della casualità. Come la possiamo concepire. Esiste il caso? Dice Monod[1] che noi in quanto esseri teleonomici facciamo fatica ad accettare il caso, che, oltre tutto, distrugge l'antropocentrismo che fa parte del nostro modo di recepire. Si possono distinguere diverse possibilità. Un conto è il "caso" usato nel gioco dei dadi o alla *roulette* in cui l'indeterminazione del risultato è operativa, ma non essenziale, poiché è teoricamente possibile limitarla. Altro è invece il "caso" nelle coincidenze assolute che "risultano dall'intersezione di due sequenze causali

---

[1] Cfr. Monod.

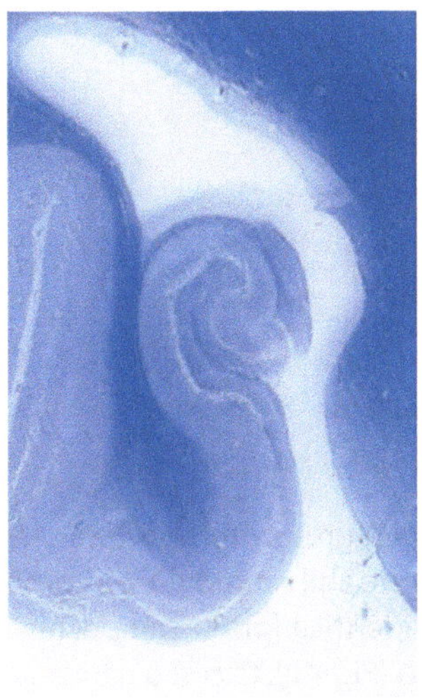

Fig. 47 *L'ippocampo e… l'ippocampo*

indipendenti l'una dall'altra", per rimanere nel mondo biologico. Per Monod vi è indipendenza anche tra gli avvenimenti conducenti a un errore nella replicazione del messaggio genetico e le sue conseguenze, dipendenti dalla proteina e dalle sue interrelazioni. Monod parla di mutazioni, ovviamente, ma dice che in quanto evento microscopico, data la natura quantistica della materia, esso è imprevedibile e gli si applica il principio di indeterminazione[2]. Se questo non dovesse valere più, si tratterebbe pur sempre di una coincidenza assoluta. Il caso dunque esiste, a meno che non lo si voglia cancellare dall'universo. È chiaro che Monod sta parlando dell'evoluzione e che rifiuta tutte le interpretazioni vitalistiche e animistiche.

Ci sono parti del corpo umano che hanno alle spalle una storia ben curiosa per quanto riguarda il nome. Una di queste è l'Ippocampo. Si tratta di una struttura ripiegata due o tre volte su se stessa che per la rassomiglianza con il cavalluccio marino (*Hippocampus hippocampus*) ha ricevuto il nome dai latini formato da un doppio nome greco (*hippos* per cavallo e *kampos* o mostro di mare) (Fig. 47). Una sua parte però, quella terminale, si chiama

---

[2] Heisenberg W. *Fisica e filosofia*, Il Saggiatore, Milano, 1982.

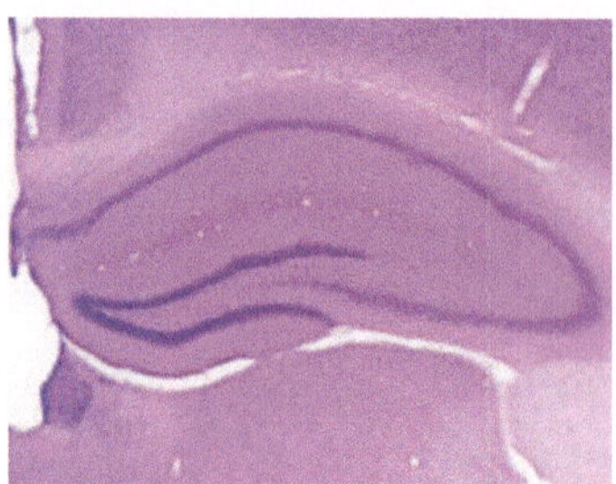

Fig. 48 A *ammonite;* **B** *corno d'Ammone (ratto)*

corno d'Ammone, espressione di origine greca. Ammone era una conchiglia fossile ripiegata, appartenente agli Ammoniti, e il corno d'Ammone era forse un monile con identica forma che portava Alessandro il Grande dietro l'orecchio (Fig. 48). Capisco come sia parsa ben strana questa struttura ai greci e ai latini che l'hanno conosciuta con tali denominazioni. Il riconoscimento della sua funzione nella memoria a breve termine è del tutto recente. Il termine corno d'Ammone deriva dal dio egizio Ammon e per i Greci era collegato a Poseidone e al suo carro.

 # Percezione visiva
e grandi interpretazioni

L'osservazione al microscopio, come qualsiasi altra osservazione scientifica, consiste sempre nell'integrazione di uno stimolo in arrivo nel vissuto specifico e generale, ma ha la particolarità che la percezione è visiva e riguarda oggetti un migliaio di volte più piccoli che richiedono riconoscimenti che non possono essere fatti se non attraverso immagini mentali. Bisogna anche che queste siano state mantenute in dialettica con i tempi e corrispondano per il vissuto specifico a quanto oggi la scienza sa su quel particolare oggetto e su quanto oggi è accettato come paradigmatico. Costantemente è fatto riferimento all'intersoggettività.

Devo fare degli esempi. Se sto studiando un vetrino di tessuto nervoso, vedo nel campo svariati oggetti e immancabilmente neuroni e cellule di glia fra altro. Nel compiere riconoscimenti su queste cellule uso immagini mentali e parametri mentali che ho avuto cura di tenere aggiornati, con ovvio margine di errore. Questo, tuttavia, non basta; cambiano con il tempo anche le interrelazioni fra gli oggetti e non sempre ci rendiamo conto di quanto sono attuali quelle che stiamo usando per l'interpretazione al momento dell'osservazione. Provo a immaginare o a ricordare come avrei proceduto quarant'anni fa. Allora la cellula nervosa per eccellenza era il neurone con la sua struttura tipica e complicata, responsabile di tutte le funzioni nervose e psichiche dell'organismo. Dai dendriti o dalla sua superficie riceveva le informazioni e con il neurite le trasmetteva ad altri neuroni. Aveva bisogno di glucosio e di ossigeno, aveva un'attività elettrica e tutta la patologia clinica era riferita alle sue malattie o alla sua morte. In secondo piano c'erano le cellule di glia, distinte in varie specie, ma tutte al servizio del neurone. Avevano funzioni metaboliche, meccaniche, di riparazione. Trasmettevano sostanze nutrienti al neurone, riparavano i guasti quando succedeva qualcosa nel tessuto e soprattutto una valeva l'altra. Non come i neuroni che avevano una loro individualità ben precisa e usavano trasmettitori specifici, loro. Anzi, poiché nel solo ippocampo erano stati riconosciuti fino a ventiquattro trasmettitori, si era persino pensato che ogni neurone potesse averne uno proprio o forse anche di più; perché no? C'era poi un tipo particolare di glia che si chiamava microglia, ma che non aveva niente a che vedere con la glia vera e propria, nemmeno in fatto di derivazione, fatta da cellule più piccole, sgraziate con processi più corti e coperti di bubboni, che giustamente erano adibite alla funzione di spazzini che dovevano portare ai vasi sanguigni le porcherie che si formavano nel tessuto. Occupavano il gradino più basso nella scala dei valori cellulari in cima alla quale troneggiava il neurone, grande, maestoso con una forte individualità che gli era stata riconosciuta da Ramon y Cajal, in contrasto con Golgi che pensava che tutti i neuroni formassero una specie di rete diffusa.

Questo era il *background* mentale ed esperienziale in cui si integravano le percezioni visive ricevute al microscopio. Poi venne il '68. Sono passati quarant'anni da allora, ma molti ricordano ancora quel periodo che fu per i più giovani un momento di esaltamento gioioso ed eroico, iconoclasta e sovvertitore, e per i più vecchi l'inizio di un degrado civile e intellettuale che non ebbe fine. I movimenti studenteschi presero il sopravvento e gli operai si agitarono. Tutti erano comunque d'accordo che la vecchia società andava rinnovata e che così non poteva continuare a funzionare. Abbattere il vecchio, rinnovare. Marx e Lenin non bastavano più. Adesso vi erano i campioni della critica sociale, tra cui Marcuse. Vennero in auge Erich Fromm, Wilhelm Reich, Timothy Leary, la rivoluzione permanente, Che Guevara, Paul Nizan, Adorno, Horkheimer e una schiera di personaggi che a torto o a ragione furono coinvolti. I vecchi idoli furono distrutti, la vita sociale sconvolta e le regole infrante. I Governi apparivano imbelli e impotenti, perché tesi fondamentalmente al consenso elettorale, erano disposti a cedere alle più insulse richieste della piazza e dei giovani più sfaccendati, purché fossero in tanti. Seguirono la rivoluzione permanente, le gambizzazioni e via discorrendo. Poi, come sempre succede, i soliti furbi approfittarono e cavalcarono la tigre raggiungendo con il tempo posizioni di preminenza, una volta passata la buriana. I soliti fessi ne uscirono disillusi e penalizzati. Ci fu uno spirito del '68 che sottoponeva tutto al vaglio del clima intellettuale, si fa per dire, del tempo, e anche la vita sociale, con un manicheismo acritico che bocciava come fascista qualsiasi pensiero o persona che non si adeguasse a quelli che si pensava fossero i propositi della critica sociale. Mi beccai del fascista, perché mi opponevo a che uno studentello del movimento venisse proposto in un'assemblea per indottrinare i professori. Eravamo sulla stessa linea della rivoluzione culturale cinese in cui gli studenti mandavano i professori borghesi in campagna a rieducarsi.

Tutto il mondo fu pervaso da questa ventata di rinnovamento e ricordo le sommosse di Nanterre a Parigi, quelle di Berlino con Cohn-Bendit, quelle di Berkeley in USA. In America, in questa ondata sovvertitrice si inserì la contestazione dei neri che reclamavano non so più quali facilitazioni agli studenti di colore. In certe università, come alla Cornell, comparvero le armi e le intimidazioni non furono soltanto verbali. Ho letto recentemente un libro di un professore che racconta tutto ciò nel 1987[1] e fa risalire il degrado delle università americane, specialmente nelle discipline umanistiche, proprio a questo periodo. Questo nuovo modo di pensare non era condiviso ovviamente da tutti, ma riuscì inopinatamente e si può dire subliminalmente a impregnare di sé la mente della gente che si era convinta ormai della necessità di cambiare le cose, ma non aveva una sua strategia, anche perché la condanna di qualcuno da parte del movimento non suonava poi così inaccettabile e perversa.

Non voglio rifare qui i commenti al '68 che ho già pubblicato e archiviato. Ricordo però benissimo com'era lo spirito del tempo e, pur non accettando la definizione di fascista così come veniva proposta e le sue finalità concrete che consistevano nel chiedere studi meno pesanti e facilitazioni che alleggerissero l'insostituibile impegno degli studenti, penso di averlo capito appieno. Mi divertivo persino con gli amici – mi si passi il termine perché tutto ciò

---

[1] Cfr. Bloom.

di divertente non aveva proprio niente – a parodiare e a prevedere i giudizi secchi e inappellabili che avrebbero potuto essere emessi su dati, idee e persone, ispirandosi alla dicotomia fascisti/non-fascisti. La connotazione di fascista era sociologica, si direbbe oggi, ma in embrione; non frutto di un'analisi qualsivoglia, ma discendente da enunciazioni generali apodittiche che trovavano la fonte in una decina di libri, fra cui quello di Marcuse.

Un giorno ero intento al microscopio con una giovane collega per una seduta diagnostica. Gli oggetti nel campo luminoso dello strumento passavano avanti e indietro, in su e in giù, mossi dalla vite micrometrica. Venivano riconosciuti, commentati e intanto le percezioni visive provvedevano ad alimentare quel calderone generale che è la mente da cui sarebbe uscita la diagnosi. Cellule nervose, i maestosi neuroni, cellule di glia, vasellini e tante altre forme colorate scorrevano in quel disco luminoso, quando si insinuò nella mia mente l'idea di applicare al mondo microscopico le valutazioni della critica sociale. Ridendo e scherzando, pescando da un lato nel bagaglio del nostro vissuto scientifico e dall'altro nella terminologia adesso di moda, cominciammo a riconoscere i neuroni come capitalisti e sfruttatori, che giacevano comodamente nel neuropilo, eleganti e decorati e mangiavano a quattro palmenti a spese e a scapito delle povere cellule di glia, serve, senza individualità e quasi ridotte al solo nucleo. Tronfi, ampollosi e gonfi di cibo e di bevande, i neuroni regnavano nella gloria, mentre le poverette, specie la microglia, lavoravano in silenzio e se c'era un guasto dovevano anche ripararlo modificando il loro corpo. Le cellule di microglia dovevano ingurgitare la spazzatura del tessuto fino a gonfiarsi come palloni e poi dovevano tuffarsi nella corrente del sangue che le portava via ormai morte, come in una *cloaca maxima*. Ridevamo senza ritegno e ciascuno aggiungeva considerazioni e osservazioni che contribuivano all'ilarità.

"E cosa pensi dell'astroglia che nelle lesioni del tessuto è obbligata a reagire e ad allungare e ispessire i suoi processi, mentre i neuroni rimangono inerti o tutt'al più muoiono dignitosamente? Gli astrociti diventano dei grossi ragni o rassomigliano alla dea Kalì dalle molte braccia e poi se capita un edema tutte le braccia si spezzettano e la cellula muore. Pomposamente questa morte schifosa si chiama 'clasmatodendrosi'". Diceva uno e giù a ridere.

E l'altro aggiungeva: "Perché le cellule di astroglia, che in certe patologie di superficie, dove il tessuto nervoso confina con il liquor o la meninge, producono un'enorme quantità di prolungamenti spessi e lunghi, sono da meno? Si fanno crescere la capigliatura, che chiamano 'gliosi piloide', e la dispongono sulla superficie perché il tessuto nervoso con i suoi neuroni rimangano al calduccio e riparati dagli influssi malefici del liquor e poi rimangono cementate in eterno in quel posto, senza potersi muovere, in quella scomoda e lubrica posizione". Altre risate. Tutte le nostre considerazioni conducevano a definire i neuroni come fascisti e le cellule di glia come non-fasciste, oppresse e bisognose di solidarietà.

Però a un certo punto il riso cominciò a spegnersi e mi venne da pensare: ma sarà proprio, il mondo dei neuroni e della glia, così come lo concepiamo? Non sarà mica questo un nostro modo stereotipato di vedere i rapporti fra neuroni e glia? Finora è stato così, ma sappiamo benissimo che in biologia scattano i parametri e le cose cambiano. Non gli oggetti o la loro denominazione, ma l'interpretazione delle loro relazioni. Del resto questo succede nella storiografia, e non ha detto Wittgenstein che i fatti non esistono ma solo le loro interrelazioni? Basterebbe un piccolo reperto nuovo, un piccolo avanzamento oppure basterebbero molti piccolissimi avanzamenti che sommandosi potrebbero far sorgere nuova luce su quello che conosciamo già e far scattare il cambio del parametro. L'ha detto Kuhn, l'ha detto Hanson e l'ha detto lo stesso Popper. Potrebbe non esserci niente da ridere, e poi perché mi viene in mente adesso che le cose potrebbero non essere così? Forse nell'aria qualcosa si sta muovendo? Le idee di ognuno contribuiscono a formare i parametri, ma questi influiscono sulle idee di ognuno, se si mantiene la dialettica con il tempo scientifico, e anche sulla formazione delle immagini mentali che poi usiamo nel meccanismo del riconoscimento. Non è forse vero che negli studiosi più attenti e soprattutto colti, cioè aggiornati su tutto il fronte e al minuto prima, l'influenza dei parametri che stanno mutando può esercitarsi subliminalmente, ai margini della coscienza piena? Il suggerimento può entrare di straforo; non con la via maestra dell'informazione esplicita, ma con i meccanismi iponoici e ipobulici, magari nascosto in una frase poco chiara e comprensibile scritta in un lavoro scientifico fatto a diecimila chilometri di distanza. Il suggerimento è evocato da uno stimolo adeguato a un vissuto appropriato. Gli americani e i neurofisiologi dicono: *elicited*. Sì, se qualcosa "elicita" ci dev'essere qualcosa di "elicitabile". In fondo la semiotica ci dice che il segno è riconosciuto se c'è il recettore, ma anche che questo può essere indotto dal segno.

Gli anni passarono e non ho mai smesso di pensare che i rapporti fra i neuroni e la glia potessero essere diversi da quelli finora codificati e stavo attento ai nuovi lavori scientifici che uscivano per cogliere se contenessero nuovi punti di vista. Si può dire che tutti i giorni qualcosa di nuovo c'era e con il passare del tempo si producevano evidenze che le comunicazioni fra neuroni e glia erano sempre meno mediate da contatti anatomici, cioè mediante processi cellulari, e sempre più attraverso molecole che venivano prodotte, escrete e che andavano ad accoppiarsi a strutture riceventi poste sulla superficie di cellule. Si cominciò a parlare di "fattori" che potevano modificare l'assetto cellulare.

Un giorno presi piena coscienza che il parametro dei rapporti neuroni/glia stava cambiando veramente. Mi trovavo a New York a casa di mia figlia. Ero in USA per delle conferenze da tenere in alcune città, ma ne facevo la preparazione finale nella comoda abitazione di Cristina e David nella Roosevelt Island. Dalla finestra della mia camera vedevo passare le grosse navi nel canale di mare fra Manhattan e l'isola e l'immagine era veramente inusuale: la nave che scivolava davanti ai grattacieli allineati sulla sponda. Come ho già raccontato, un giorno ricevetti una telefonata da un mio amico e collega americano, nato a Roma, che lavorava a Boston. Mi diceva che doveva andare in Italia, in un'abbazia vicino a Padova, Santa Maria di Praglia, a tenere una conferenza a studenti di neuroscienze di tutta Europa, ma non poteva andarci non ricordo più per quali motivi impellenti. Mi pregava di andarci in vece sua per non venire meno alla parola. Mancavano pochi giorni alla data della conferenza. Subito dopo aver tenuto la mia *lecture* a New York ripartii per l'Italia e andai a Padova.

Nell'aula del centro congressi c'erano una cinquantina di giovani laureati che seguivano un corso di neuroscienze e provenivano da diversi paesi europei. Feci la mia lezione sui rapporti glia/neuroni e soprattutto parlai delle interrelazioni fra i vari tipi di glia nella patologia. Al termine della lezione fecero delle domande e qualcuno mi chiese come le cellule di glia si scambiassero tra di loro le informazioni e soprattutto quali segnali giungevano alla glia per diventare reattiva. Oggi lo so, ma allora non ne sapevo molto, o almeno davo ancora un'interpretazione dell'evento in chiave più anatomica. Una studentessa si rivolse al suo compagno di banco e ad alta voce, perché sentissi, disse: "must be a factor" (ci dev'essere un fattore). Ecco, l'aveva detto! Non si sapeva quale, ma la storia dei fattori era già circolata e aveva raggiunto i giovani, i più sensibili. Ormai era fatta e la vecchia concezione dei rapporti neuroni/glia tramontata. Tutta la ricerca si sarebbe orientata sui fattori, come poi in realtà avvenne. Vecchi parametri addio!

Dopo qualche anno, quando ormai tutta l'interpretazione neurobiologica era orientata sui fattori, mi sorpresi a constatare che dal punto di vista pratico e cioè diagnostico ero obbligato a usare ancora la concezione dei rapporti glia/neuroni anteriore a quella dei fattori, perché non ve ne era un'altra a disposizione già confezionata, ma dovevo tenere la porta socchiusa ed essere pronto ad aggiornare il mio vissuto scientifico. Mi venne però di pensare a quando la concezione dei fattori sarebbe poi stata sostituita da una successiva ipotesi e quale affidabilità questa potesse avere dal punto di vista pratico. Sarebbe stata necessaria una doppia obiettività nell'osservazione microscopica: una nel riconoscimento degli oggetti e l'altra nell'interpretazione. Allora, conclusi, l'idea dei parametri, come quella espressa da Kuhn[2], va acquisita non in riferimento a singoli parametri universali che quando cambiano sovvertono tutto, ma a serie di parametri gerarchizzati, asincroni e a diversa velocità di mutamento che solo nei tempi lunghi possono essere visti e riconosciuti come universali.

Può capitare che un oggetto del campo vada incontro a un mutamento dell'interpretazione seconda, quella che comprende anche il contesto in cui l'oggetto è inserito, più velocemente che a quello dell'interpretazione del suo riconoscimento. Tuttavia, il viraggio dell'interpretazione seconda può influenzare a sua volta il riconoscimento e la sua interpretazione. Tanti anni fa, quando ero in Germania, ai miei primi approcci con la neuropatologia, mi capitava spesso, studiando al microscopio la corteccia cerebrale, di osservare cellule nervose pallide, appena visibili, con un nucleolo striminzito, praticamente ridotte

---

[2] Cfr. Kuhn.

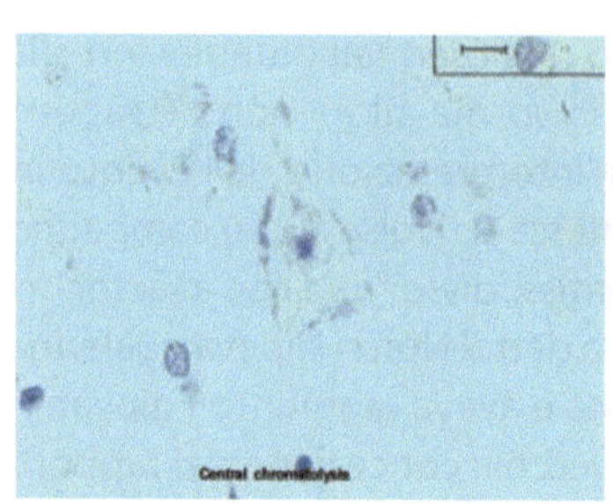

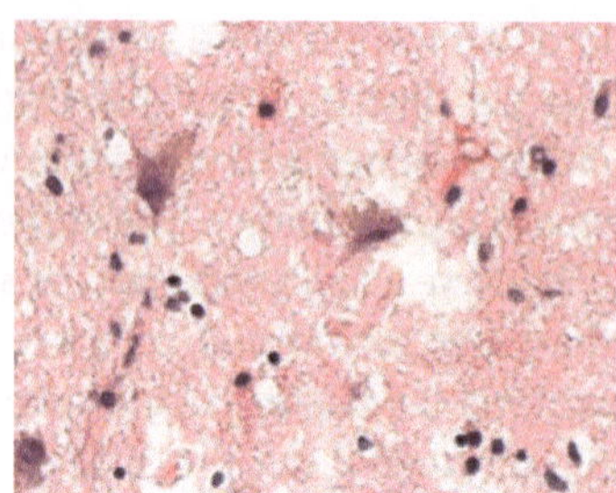

Fig. 49 A *cromatolisi centrale;* **B** *cellule ombra*

al loro carico di lipofuscina. Avevo imparato, discutendo con gli altri, che non rappresentavano niente di importante, erano banalmente delle *Schwund Zellen*, cioè cellule-ombra (Fig. 49B), atrofiche che stavano morendo. Si sapeva che il numero dei neuroni nel sistema nervoso centrale è massimo alla nascita e poi comincia a diminuire fino alla vecchiaia in cui questo fenomeno si accentua. I neuroni sono elementi perenni e nobili, non si moltiplicano e possono soltanto diminuire di numero, e questo faceva parte di una concezione fisiologica della vecchiaia, oggi fortemente messo in dubbio. Per questa ragione le *Schwund Zellen* erano un reperto normale, da accettarsi come espressione del ciclo: concepimento – nascita – vita – morte, secondo il concetto di norma già discusso.

Con il passare degli anni, l'atteggiamento della scienza di fronte ai fenomeni di senescenza andò progressivamente cambiando. La demenza senile e le affezioni nervose dell'età senile aprirono i loro confini alle malattie neuro-degenerative; la malattia di Alzheimer divenne oggetto di studi approfonditi e numerosi, e si configurò come malattia in modo diverso rispetto a prima, così come si identificarono e si concepirono in modo diverso le altre malattie della senescenza e i loro rapporti con malattie simili che non appartenevano all'età senile. Il problema della perdita dei neuroni si fece molto importante, come divenne importante la modalità del suo rilievo e ci si cominciò a chiedere perché i neuroni morissero. Fiorirono gli studi sull'amiloide, la sua genesi, il deposito e il danno provocato sulle sinapsi, la proteina tau, la presenilina, la genetica, la mancata degradazione delle proteine patologiche, il proteasoma, l'apoptosi, le telomerasi e via discorrendo. Si cominciò a parlare di ricambio dei neuroni, di una neurogenesi nell'adulto, degli strati sottoependimali e dello strato granulare dell'ippocampo come neurogenetici, della sostituzione dei neuroni morenti con forze fresche. Soprattutto si cominciò a cercare le cause di tutto questo, compresa la senescenza per la quale sembrava si potesse profilare una possibilità di terapia. In sintesi, andarono in primo piano il perché i neuroni morissero e come avrebbero potuto essere sostituiti da altri neuroni. Da qui è nata tutta la storia dell'uso e dell'abuso di cellule staminali neurali a scopo riparatorio.

Ricordo i numerosi lavori dedicati alla ricerca dell'apoptosi nel morbo di Alzheimer che non si trovava mai. Venne fuori che l'apoptosi è un fenomeno che dura poche ore e poi scompare e quindi la sua evidenziazione non può che essere rara, e facendo i conti della sua durata, del numero di cellule in partenza e della durata della malattia prima della comparsa dei primi sintomi, si vide che poteva aspirare a essere un meccanismo di morte importante. Questo era un punto fondamentale nell'Alzheimer: la sintomatologia compariva quando ormai in una data struttura era andato perso il 50% dei neuroni e ciò significava che la malattia era tutt'altro che della senilità. Quando la si diagnosticava era ormai tardi e all'autopsia la perdita di neuroni era ormai impressionante. Si aprivano le porte alla possibilità di una diagnosi precoce, pre-clinica e di una prevenzione, e naturalmente gli studi di genetica furono grandemente fruttuosi di informazioni. Non parlo delle cellule staminali che da più parti sono state proposte come possibili rimpiazzi dei neuroni morti e del fiorire di fantasiose iniziative destinate all'insuccesso. Finora non è stato prodotto nessun dato sull'utilità dell'uso delle cellule staminali in qualsiasi malattia neurologica.

Il punto cruciale che qui interessa è che negli anni che hanno preceduto la comparsa della sintomatologia e in quelli che hanno preceduto la morte, i neuroni devono essere scomparsi con un processo di atrofia, o per apoptosi, o danneggiati dalla degenerazione neurofibrillare di Alzheimer e dallo sviluppo delle placche dendritiche, visto anche che nessun'altra alterazione neuronale specifica è stata mai descritta in questa malattia. Allora che atteggiamento dobbiamo tenere di fronte alle pur sempre riconoscibili *Schwund Zellen*? Non possiamo più considerarle un banale reperto di una banale modalità di finire la vita. Il contesto entro cui si situano è totalmente cambiato. Non so come si situano oggi queste cellule nel morbo di Alzheimer: sono aumentate o sono diminuite, visto che quando diagnostichiamo al microscopio la malattia la maggior parte dei neuroni sono già spariti. Questo non ha grande importanza. Oggi di fronte a una cellula in atrofia si apre un mondo di possibilità che non ha paragone in confronto a quello che si aveva negli anni in cui le *Schwund Zellen* non erano altro che una *trouvaille* istologica.

Il problema del cancro

I patologi conoscono il cancro. Lo vedono in faccia tutti i giorni, lo affettano, lo studiano al microscopio, lo diagnosticano, lo soffrono, lo temono e lo sognano di notte. Al microscopio vedono in quel tondo luminoso che chiamiamo campo un'infinita varietà di forme e colori, di combinazioni; riconoscono un'infinita varietà di oggetti e alla fine devono dare un nome, anzi scriverlo, come ho già detto. Con questo viene fatta la diagnosi e la prognosi e su questo è impostata una terapia ed è proprio questo che induce sofferenza nel patologo. Un suo errore può nuocere al paziente. Infatti il patologo è alla continua ricerca di conferme o smentite alla sua diagnosi: rivede i vetrini, cerca nei libri, telefona ai colleghi, manda in giro i vetrini perché altri controllino. Vogliono talora una seconda o una terza opinione sul loro operato, perché temono le aule dei tribunali e soprattutto pensano al paziente. In cambio che cosa hanno? Niente. Quando il paziente guarisce, o quando è sottoposto a una nuova terapia e quando la prognosi si rivela esatta il merito va al chirurgo che ha operato, all'oncologo che ha fatto la chemioterapia o al radioterapista. E il patologo? Scompare e si accontenti dello stipendio, anche se misero in confronto alla parte che lui gioca nel percorso che il paziente compie dai primi sintomi alla fine della malattia o della vita. In questa parte mette tutto il suo vissuto scientifico.

Il patologo vede il cancro quando questo è già costituito e palese, raramente quando è in fase precoce. Sa tutto sul mostro e sui passi che sono stati percorsi dalla sua iniziazione alla trasformazione e conosce tutto quello che l'ha preceduto, dal caso alla necessità.

Quante volte mi è successo, migliaia, di diagnosticare al microscopio un tumore maligno del cervello. Adesso non mi metto a fare nomi di tumori; non voglio fare sfoggio di scienza che, oltre tutto, rientra nel mio lavoro. Ma quante volte di fronte a tutto quel caos di cellule malfatte, morte, in rapida proliferazione, di vasi abnormi, di necrosi, emorragie, trombosi e di disordine in un tessuto, come quello nervoso, dove tutto quello che si vede ha un significato, una funzione, ho pensato al disordine nelle molecole e nelle vie molecolari che ne sono alla base. È un disordine che ha dell'incredibile, se si pensa che in quel tessuto nervoso se una certa cellula ha quella grandezza, o si trova in quel posto, o si collega con tali altre cellule, ciò è stato determinato dalla complessità evolutiva in rapporto all'ambiente e regolato nei minimi particolari. Non dimentichiamo che da questa complessità sono nati il pensiero e i sentimenti, la soggettività dell'uomo, la sua coscienza e sono scaturiti i suoi bisogni metafisici che si sono sovrimposti agli istinti primordiali che lui cerca di rendere accettabili manipolandoli o mascherandoli. Ma come è stato possibile arrivare a tutto ciò? Per chi pensa che tutto abbia un significato in natura, che significato ha il cancro? Se si pensa che la teleonomia sia intrinseca all'esistente, allora è frutto di un disegno preordinato? I giochi molecolari che segnano l'inizio del processo e accompagnano o producono lo sviluppo sono preordinati? È un bel problema. Ho fatto una grande esperienza sui tumori sperimentali nei ratti per vent'anni e qualcosa deve pur avermela insegnata. Ricordo come era cominciata. Verso la fine degli anni Cinquanta, il governo messicano, o forse era una grande azienda agro-alimentare messicana, aveva invitato in Messico un collega tedesco, allora molto noto come all'avanguardia nel campo neuro-oncologico, per sperimentare l'innocuità di certe sostanze usate nella conservazione degli alimenti. Si trattava di derivati della nitrosourea. La sperimentazione comportava per legge l'inoculazione della sostanza nelle ratte gravide. Ciò venne fatto, ma con grande sorpresa venne constatato che qualche mese dopo nei figli nascevano tumori. Contemporaneamente in Germania, dove questa sostanza veniva prodotta, sulla scia di sperimentazioni di sostanze consimili che si faceva in tutto il mondo, si era verificata la nascita di tumori in ratti che l'avevano ricevuta. Con un collega milanese e sua moglie, ricercatrice presso un Istituto di Milano e morta per un incidente d'auto pochi anni dopo, riuscimmo a ottenere la terribile sostanza dal ricercatore tedesco che la produceva. Era incredibile: provocava tumori dappertutto, compreso il cervello. Quello che ci impressionò maggiormente fu che iniettando pochi milligrammi della sostanza nella vena della coda della ratta gravida al 17° giorno di gravidanza si ottenevano tumori che comparivano nel cervello due-tre mesi dopo la nascita nel 90% dei figli. I derivati della nitrosourea danneggiavano il DNA delle cellule della matrice, cioè ancora in proliferazione perché dovevano costruire tutto il sistema nervoso. C'era da rabbrividire al solo pensiero che quella sostanza stava per essere usata come conservante negli alimenti destinati all'uomo.

Pubblicammo i nostri risultati, come altri pubblicarono i loro, e nel mondo ci fu un vivo interesse per l'evento biologico, tanto più che questa stessa sostanza, capace di indurre tumori, poteva anche arrestarne la crescita uccidendo le cellule già tumorali per danno al DNA. Non era solo questo il motivo di interesse per me. Per la prima volta ero riuscito a seguire passo passo lo sviluppo del tumore cerebrale, partendo dalle prime alterazioni cellulari e molecolari, perché nell'uomo questo non era mai stato possibile. Guardando al microscopio i cervellini di ratto prima della comparsa dei tumori, proprio nei punti dove sapevo che si sarebbero poi sviluppati, e vedendo tutto in ordine con le cellule bene allineate, i nuclei regolari, mi veniva di chiedere loro: ditemi per favore che cosa sta succedendo in voi? Dietro questa faccia composta e sorridente si nasconde una fucina di alterazioni molecolari; voi siete destinate a morire e a far morire, perché diventerete cellule di glia impazzite per quanto adesso si sta svolgendo in voi.

Poi naturalmente la scienza procedette inesorabile e vennero dimostrate nel corso degli anni una serie infinita di alterazioni molecolari, con il solito coinvolgimento di geni e proteine, che hanno consentito di studiare l'*iter* molecolare del cancro. Una serie di eventi biologici e molecolari si concatenano a cascata fino a un punto di non ritorno superato il quale la comparsa del cancro è inevitabile. In quegli anni era uscito un magnifico libretto scritto da Monod[1], premio Nobel per il 1970 per la medicina e neurofi-

---

[1] Cfr. Monod.

siologia. Aveva riconosciuto agli esseri viventi tre caratteristiche e cioè la morfogenesi autonoma, la teleonomia e l'invarianza riproduttiva. La teleonomia era delle proteine/amminoacidi e l'invarianza riproduttiva del DNA/nucleotidi. Le proteine con il loro aspetto filamentoso o globulare, i ripiegamenti, la stereospecificità, l'intervento degli enzimi, i legami covalenti e altro attuavano un progetto costruttivo che era già presente in loro. Erano cioè dotate di teleonomia, ma questa era del tutto casuale e secondaria all'invarianza che invece era dovuta all'entrata in gioco del DNA. Le proprietà stereospecifiche delle proteine nascondevano il segreto della teleonomia producendo un "aumento d'ordine" (o neghentropia). Senonché questo, ripeto, era del tutto casuale, come la sequenza delle stesse proteine – il caso – che, catturato e riprodotto dall'invarianza diventava necessità con l'inevitabile crescita del cancro. Vista dal lato evoluzionistico, l'invarianza da un lato garantiva la fissità della specie e dall'altro, introitando il caso, condizionava la sua evoluzione secondo il percorso mutazione, ambiente, selezione, cari a Darwin[2].

Con il passare del tempo si fece progressivamente strada l'interpretazione neo-darwiniana del cancro e questo con almeno due modalità. Da un lato il cancro poteva rappresentare, a livello cellulare, una forma di speciazione o di adattamento[3]. Dall'altro la trasformazione maligna veniva delineandosi come la comparsa di cloni nuovi più maligni, a seguito dell'instabilità del genoma e quindi dell'eterogeneità genotipica, seguita poi da quella fenotipica, che sostituivano i predecessori meno maligni, in una sorta di selezione per competizione per l'ambiente. Guardando al microscopio un tumore maligno del cervello mi veniva di fare delle considerazioni sulla casualità delle lesioni che precedevano l'interessamento del DNA, dopo di che interveniva l'invarianza a stabilizzare il danno. Ma sarà proprio così? Le leggi del DNA recentemente hanno cominciato a perdere un po' il loro carattere ferreo e ineludibile. Pensiamo all'epigenetica, per esempio lo *splicing* alternativo, l'acetilazione degli istoni, le metilazioni e a come possono

---

[2] Cfr. Darwin.
[3] Vineis P. Cancer an evolutionary event at the cell level: an epidemiological perspective, *Carcinogensis* 2005; 24(1).

essere eluse le leggi del DNA. Ma questo è un argomento che scivola via da questo contesto e mi ricorda tanto le discussioni su come i geni non siano tutto nell'economia degli esseri viventi e come possano essere attivati o repressi da altri geni o comunque regolati a *feed-back* dalle proteine stesse[4].

Monod nel suo libro lascia capire che esiste un altro significato della teleonomia, che si riferisce non a singoli processi biologici, ma all'essere vivente, anche complesso, come contenente e realizzante un progetto con un fine. Questa è un'interpretazione dell'uomo, una categoria mentale e cioè una modalità di vedere l'essere vivente che fa parte della nostra struttura nervosa. Noi possiamo vedere questo essere vivente come se contenesse un progetto, come se fosse teleonomico e questo mi ha richiamato alla mente per la seconda volta la filosofia del "come se" di Vaihinger[5]. A livello organismico, quando ci troviamo di fronte a un evento biologico che ci appare nella sua forma finale, non riusciamo a sfuggire al pensiero che si sia trattato di qualcosa di preordinato, di teleonomico appunto. Si potrebbe dire che si tratta di una attitudine psicologica della mente umana che rientrerebbe cioè nella "finzione funzionale" secondo Vaihinger, una finzione cioè operativa. A titolo di esempio, dice il filosofo infatti che tutti quanti noi ci uniformiamo al detto "tutti gli uomini sono uguali". Poi non è vero che lo siano, ma noi ci comportiamo come se lo fossero, secondo la finzione.

La stessa cosa potrebbe essere per il cancro. Quando lo vediamo, e quindi nella sua forma finale, in alternativa alla serie di eventi stocastici, coinvolgenti geni e proteine che l'hanno prodotto e che sono confluiti nell'invarianza riproduttiva, possiamo pensare che questi abbiano fatto parte di un disegno, di un progetto con una finalità. D'altro canto sappiamo che numerose concezioni filosofiche vedono l'essere vivente, e cioè l'uomo, come realizzante un progetto verso un fine. In un certo senso i creazionisti interpretano in questo modo l'uomo e la sua evoluzione, in contrapposizione alla visione del "caso e la necessità".

---

4 Rose S. *Il cervello del XXI secolo*, Codice, Torino, 2007.
5 Cfr. Vaihinger.

In sostanza, l'opposizione fra una visione scientifica del mondo e una non-scientifica, che sia filosofica o religiosa, si riduce, secondo Monod, alla priorità fra la teleonomia e l'invarianza. Secondo la prima, la teleonomia è una proprietà della seconda, nel senso che il caso è incorporato e conservato dall'invarianza che lo trasforma in regola o necessità, mentre per la seconda sarebbe l'inverso. Monod cita un gruppo di teorie che accettano il principio teleonomico fra cui il vitalismo metafisico dell'*èlan vital* di Henri Bergson[6], quello scientifico dei principi vitali di Hans Driesch[7], i vari animismi, per arrivare a Teilhard de Chardin[8] con la sua concezione evoluzionistica dell'universo intero e la coscienza quantitativamente progressiva nei tre regni della natura fino al punto Ω che sarebbe Dio. Persino il marxismo rientrerebbe nella proiezione animistica volendo basare la dottrina sulle leggi della natura. È interessante la critica che Monod fa a tutte queste teorie accusandole di antropocentrismo e di trovare il motore dell'evoluzione nel principio teleonomico tradendo il concetto dell'oggettività della natura. La teleonomia concepita in questo modo non è ovviamente la teleonomia quale caratteristica delle proteine che posseggono la capacità dell'autocostruzione secondo Monod e quindi intrinseca alla natura stessa.

Se noi accettiamo il principio teleonomico per l'universo o per l'uomo, come fanno le concezioni vitalistiche, perché non accettarlo per il cancro? Allora il cancro potrebbe essere un evento preordinato e voluto, ma da chi? Ricordo che quando facevo il terzo anno di Medicina a Milano, il nostro professore di patologia era Pietro Rondoni, un notissimo cancerologo e biochimico che aveva scritto un bellissimo libro sul cancro[9]. Aveva una visione dell'evento biologico del tutto moderna e connaturava lo sviluppo del cancro all'essenza biologica stessa della vita. L'individuazione dell'origine del cancro sarebbe avvenuta contemporaneamente a quella del segreto della vita. Faceva lezioni di grande interesse ed era molto amato e seguito dagli studenti. La sua concezione si

---

[6] Bergson H. *L'évolution créatrice*, Presse Universitaire de France, Parigi, 1907.
[7] Driesch H. *Il vitalismo: storia e dottrina 1867-1941*, Sandron, Milano, 1911.
[8] Teilhard de Chardin P. *Le phénomène humain*, Edition du Seuil, Parigi, 1955.
[9] Rondoni P. *Il Cancro*, Casa Editrice Ambrosiana, Milano, 1946.

avvicinava a quella che sarà di Monod e la ricordo proprio perché apparentemente vitalistica. Discutere del cancro come frutto di un progetto in *senso vitalistico* significa discutere di Dio, dell'origine del male, della predestinazione, del libero arbitrio e di duemila anni di pensieri, concezioni, credenze, eresie che hanno suscitato discussioni, guerre e massacri, torture e santità. Tanto per alleggerire l'argomento, che di per sé non è di lettura amena, rimando il lettore non ai ponderosi trattati e a sant'Agostino e san Tommaso, ma a due interessantissimi libri di Franco Cordero[10] che lo vitalizzano con una profonda cultura umanistica e giuridica.

Fra il mondo microscopico e quello reale dell'osservatore vi sono, come ho già detto, un continuo scambio e una reciproca influenza. È molto frequente che un oggetto del campo microscopico o una sua interpretazione derivante dal vissuto scientifico dell'osservatore richiamino alla mente problemi tenuti in caldo nel suo vissuto generale. Quando questo succede non è nemmeno necessario che l'osservatore interrompa l'osservazione e che, sollevato il capo dal microscopio, si appoggi allo schienale della sedia o si rilassi un momento per pensare. Può continuare a fare scorrere i campi microscopici sotto l'obiettivo e mantenere l'osservazione con la sola attenzione passiva, mentre la sua mente segue i meandri logici dei suoi pensieri, magari anche sotto spinte iponoiche e ipobuliche.

---

[10] Cordero F. *Fiabe di entropia*, Garzanti, Milano, 2005; Cordero F. *L'armatura*, Garzanti, Milano, 2007.

Molti anni fa, quando ero nel pieno della mia attività professorale all'università e alternavo le mie ore di lavoro fra la visita ai malati e l'osservazione al microscopio, ero continuamente pressato dalla necessità di prendere decisioni rapide. Il tempo stringeva sempre e non ce n'era mai per soddisfare tutti gli impegni. Si trattasse di togliere dubbi a un collaboratore che mi sollecitava un parere o di dare una risposta al neurochirurgo che aspettava in sala operatoria la mia diagnosi estemporanea su un tumore che stava operando o altro; non potevo sottrarmi alla risposta rapida e dovevo anche infondere certezza in chi la recepiva. È questo un argomento di enorme importanza in medicina, non sufficientemente trattato, ma molto sentito e che sta alla base del frequente disagio, che genera ansia, oltre che del dissidio o dell'incomprensione fra patologi e chirurghi e che è vissuto con ansia e frustrazione.

Il chirurgo, che di solito è allenato dal suo mestiere a essere rapido, sbrigativo e conciso, è scarsamente informativo nei confronti del patologo e pretende in compenso da questi diagnosi precise e che coincidano con la sua impressione al tavolo operatorio. Quando il prelievo chirurgico fatto al paziente va dalla sala operatoria al patologo è accompagnato da una descrizione breve dell'intervento e da un quesito diagnostico, o almeno dovrebbe essere così, ma molto spesso non lo è. A ciò si aggiunga che sarebbe buona norma informare il patologo anche sulla radiologia della lesione operata. Ma questa necessità suona come un tentativo del patologo di "allargarsi" troppo o di pretendere di sostituirsi ai medici curanti. D'altro canto, talora la risposta del patologo riflette la sua incertezza diagnostica, essendo poco definita e interlocutoria, e questo sia per reale difficoltà diagnostica sia per le scarse informazioni ricevute. Queste risposte mandano in bestia i chirurghi e la prima cosa che dice il chirurgo che riceve una risposta non soddisfacente è: "quello lì non capisce niente". In compenso il patologo si attacca al telefono e vuole dal chirurgo ulteriori informazioni, consulta trattati o si attacca al computer per aiuto e al termine della giornata si porta a casa il suo carico di ansia per i casi non risolti o, soprattutto, in cui è stato obbligato a una risposta che gli ha forzato la mano. Questo non è molto diverso da quanto succede al medico per le diagnosi al letto del malato. Quante volte mi è successo alla sera, nel consuntivo della giornata, di ripropormi i dubbi avuti sulle diagnosi ai pazienti o al microscopio nella mia doppia veste di neurologo clinico e di neuropatologo. Il solo pensiero della possibilità di aver commesso un errore è fonte di malumore e di desiderio di cambiare professione. Quante volte mi sono ripassato nella mente le situazioni diagnostiche e mi sono mentalmente rivisto i campi microscopici o i pazienti e le loro radiografie e mi sono rassicurato oppure mi sono depresso nello scoprire che forse potevo aver sbagliato. Sono momenti che non ho mai augurato al peggiore nemico e sono stati sconfortanti, perché non c'era nulla che avessi potuto fare per evitare di trovarmi in quelle condizioni. L'unica cosa che avrei potuto fare era, appunto, cambiare mestiere e andare a fare, per esempio, il venditore di patate, sicuramente meno ansiogeno.

Ricordo un vecchio professore di patologia, di grande esperienza, molto quotato, umanista e violoncellista egregio, il quale mi diceva negli ultimi anni della sua attività: "Sai, invecchiando diventa per me sempre più difficile fare le diagnosi. Mi assalgono i dubbi, mi tormenta l'idea di poter aver sbagliato. La sera, quando penso alla giornata lavorativa per me è un tormento". Pensavo avesse difficoltà reali nel fare le diagnosi e attribuivo ciò alla vecchiaia avanzante, anche se il professore era lucido e attivo come sempre. Ma non era così; non era la vecchiaia, bensì l'aumento di consapevolezza e l'accumulo di esperienza che gli suggerivano un maggior numero di soluzioni possibili alternative a quelle prese al microscopio. Capita, non raramente, che non si possa giungere a una definizione precisa della lesione esaminata per motivi tecnici: il prelievo operatorio che giunge al patologo è troppo piccolo, o fatto in una zona non significativa della lesione oppure non si dispone di un anticorpo importante. Di solito il patologo include l'incertezza nella diagnosi che trasmette al chirurgo e il suo verdetto sarà di "verosimile tumore tal dei tali". Scarica cioè sul chirurgo l'incertezza. Se questo capita troppo spesso il chirurgo tende ad attribuire la mancata diagnosi all'impreparazione del patologo. Questi allora osa diagnosi di certezza a sue spese, come ho già detto, cioè rischiando l'errore. È inevitabile. Questo rientra nei rischi di un mestiere che se non riceve meriti quando le cose vanno bene, riceve i biasimi quando vanno male.

Mi sono sempre riferito finora al patologo, ma dubbi e incertezze riguardano anche chiunque usi il microscopio per discriminare la realtà a qualsiasi titolo. Dubbi sono comuni a quanti studiano al microscopio la sostanza vivente, per esempio il tessuto nervoso, sia umano normale che animale per sperimentazione. Una prima condizione verso cui bisogna premunirsi è di assumere come veri tutti gli elementi contenuti in un tessuto dato per normale, quando non si dispone dell'esperienza necessaria di patologia per riconoscere dove e come questa sia presente. Ciò succede non tanto negli animali da esperimento, quanto piuttosto nei prelievi di tessuto nervoso normale sia quando questo è prelevato all'autopsia o durante un intervento operatorio. Nel primo caso, sono passate almeno ventiquattro ore dalla morte e in questo periodo di tempo si possono concludere processi patologici appena iniziati, oppure si instaurano modificazioni post-mortali, come l'autolisi, oppure rimangono inscritte tutte le lesioni agoniche delle ultime ore di vita, per esempio quelle dovute all'anossia o all'edema anossico. Nel secondo caso, possono essere presenti, nel tessuto prelevato accanto a una lesione e considerato microscopicamente normale, alterazioni tipiche della lesione, anche se diluite, o reazioni di vicinanza alla lesione stessa. Nel caso di tessuti di animali da esperimento è indispensabile una buona conoscenza anatomica della specie in esame. Quante volte mi è successo di indicare al collega che mi sottoponeva preparazioni di tessuto nervoso l'esistenza di neuroni cosiddetti ischemici e cioè neuroni che hanno subito quel fenomeno che va anche sotto il nome di "ipercromatosi nucleare" (Fig. 50A) che non è una patologia dichiarata,

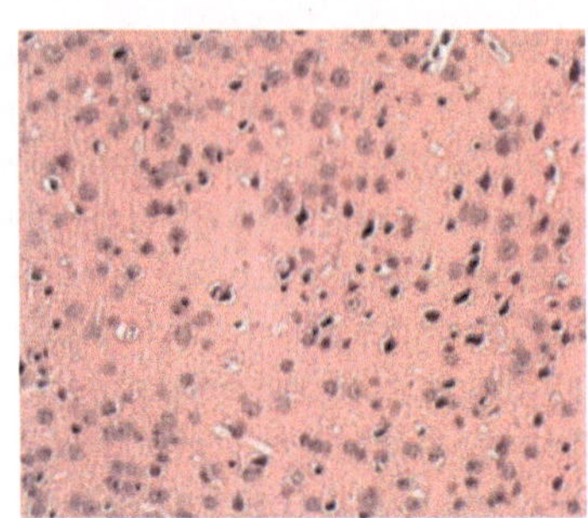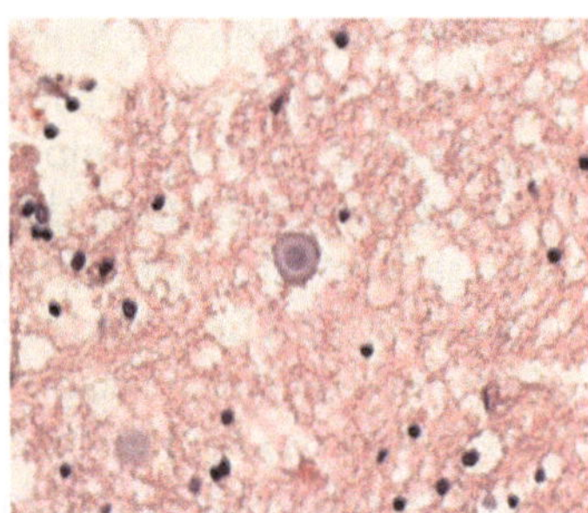

Fig. 50 A *neuroni ischemici;* **B** *corpo amilaceo*

anche se può indicare una pregressa ischemia in quel punto, ma che può essersi realizzata anche *post-mortem*. Non parliamo dei *corpora amilacea* (Fig. 50B) che si possono trovare tranquillamente nel tessuto normale.

Ho detto normale, ma, un momento. I *corpora amilacea* sono normali perché si trovano normalmente dopo una certa età, ma non sono normali se si riferiscono a un tessuto nervoso ideale. Qui entra in gioco il concetto di norma che vede le accoppiate normale/anormale e sano/patologico. È normale quello che risulta statisticamente più frequente entro determinati limiti e paletti ed è anormale quello che è fuori. La base è rappresentata dalla curva a cappello di carabiniere. L'accoppiata sano/patologico si riferisce invece al concetto di malattia nel senso di Virchow. È possibile, come ho già detto, che un difetto sia normale, perché frequente, e patologico, perché malattia, come la carie dentaria. Un carattere può poi essere tranquillamente anormale e sano, perché raro e non patologico allo stesso tempo, come, per esempio, avere le iridi di colore diverso. I *corpora amilacea* sono normali dopo una certa età, ma anche patologici, perché corrispondono a un'alterazione di normali meccanismi intracellulari.

Altra fonte di dubbi si ha con la necessità della quantitazione, come è già stato detto, e con il calcolo statistico e quando si devono comparare i risultati al microscopio e i dati di biologia molecolare. Non mi dilungo, così come accenno appena ai dubbi che sorgono quando si lavora *in vitro*. Non solo il riconoscimento delle forme cellulari, i fattori, il siero, la differenziazione in fluorescenza, ma anche, qualora si proceda all'inoculazione di cellule staminali in cervelli animali, la marcatura delle cellule, lo scoprire dove vanno a finire, la loro riconoscibilità e il prendere decisioni sul loro destino ed effetto.

Peggio ancora stanno le cose quando si tratta dell'uso delle cellule staminali per curare malattie neurologiche. Recentemente so da una collega del cervello di un paziente affetto da morbo di Parkinson e inoculato con cellule staminali di natura non ben definita in un altro continente. Il cervello è stato da lei esaminato, ma del destino delle cellule staminali, se veramente sono state inoculate, non c'è stato verso di sapere. Ho seguito da vicino la letteratura sull'inoculo di cellule staminali per la malattia di Parkinson, per la SLA, compresa quella sulle lesioni spinali sperimentali, ma nessuna conclusione precisa è stata possibile. Eppure nel mondo esistono centri dove questa terapia viene fatta e propagandata.

Collegato a quanto finora esposto sta un problema della massima importanza e di cui è già stato detto: la pubblicazione dei lavori fatti. Dico subito che se si desse retta a tutti i dubbi che sorgono e che non possono essere risolti del tutto quando si prepara un lavoro scientifico, non si pubblicherebbe quasi niente. Invece da un calcolo approssimativo si può dire che vengono pubblicati il 60% dei lavori inviati alle riviste con *peer review*. Intanto bisogna dire che quelli accettati sono senz'altro migliori di quelli respinti, ma questa affermazione va mitigata. Con le dovute riserve e cautele, va detto che i dubbi non risolti nei lavori servono ai *reviewer* o al *chief* delle riviste per respingerli, e questo può essere giusto, a meno che il lavoro non sia di moda, purché non ripetitivo o, come si dice in gergo, *confirmatory only*. Se il lavoro è di moda passa, perché la rivista menerà vanto di avere avuto l'oculatezza di pubblicare solo lavori di recenti novità. Questo farà salire l'IF. Le mode passano e anche rapidamente e molti lavori rimarranno obsoleti nel giro di breve tempo. In conclusione, un lavoro fatto su un punto attualmente "caldo", anche se contenente incertezze non risolte, avrà più possibilità di essere accettato che un lavoro molto accurato e sistematico svolto su un argomento fuori fuoco.

°○○ **Le rivoluzioni**

L'esplorazione del mondo esterno attraverso il microscopio è una conquista della scienza che si è concretizzata nel XVIII e XIX secolo e si è evoluta nel corso del tempo. La sua attuazione si è venuta diversificando sia per il continuo perfezionamento dei microscopi, che per lo sviluppo delle tecniche di elaborazione dei tessuti, che per l'avanzamento delle conoscenze scientifiche in genere. La tecnica è in continuo sviluppo e richiede un continuo aggiornamento che non consente di dire di possederla una volta per tutte. Chi la pratica deve cercare di vedere e riconoscere nel disco luminoso dello strumento quello che l'avanzamento scientifico suggerisce. È una continua rincorsa che fa parte dello sviluppo scientifico che si dispiega a 360 gradi.

All'inizio della mia carriera dominava la morfologia, che aveva già dato dimostrazione di poter grandemente contribuire alla conoscenza della biologia e della patologia. Basti pensare ai grandi anatomici, istologi e patologi del XIX secolo e della prima metà del XX secolo. Ho sempre in mente le figure di Golgi e di Ramon y Cajal, ma non posso dimenticare le grandi figure tedesche come Spielmeyer, Scholz, Alzheimer, Spatz e francesi come Lhermitte, Charcot e altri. Insieme hanno costruito il *corpus disciplinae* della neuropatologia. Poi sono comparse in successione l'istochimica, poi l'istoenzimologia, l'immunoistochimica, l'immunofluorescenza, poi il campo fu invaso dalla genetica molecolare e abbiamo assistito alla rapida espansione della cultura scientifica americana. Chi si è dedicato a queste discipline ha dovuto incessantemente arricchire il suo vissuto scientifico e da morfologo qual'era in principio è dovuto diventare qualcos'altro. Tuttavia, l'uso del microscopio ha continuato a comportare il riconoscimento nel campo luminoso dello strumento di oggetti in base alla loro forma e colore, ma ha richiesto un continuo aggiornamento delle immagini mentali sulla base dell'avanzamento scientifico. Il fenomeno è stato bene rilevabile con il succedersi delle generazioni, ma si è realizzato anche nell'ambito di una generazione, a patto che il singolo abbia tenuto le immagini mentali il più possibile in dialettica con la scienza avanzante. Chi non è riuscito a fare questo non è più stato in grado di discriminare attendibilmente la realtà del mondo esterno.

Ho già detto di questo nel capitolo sulle scienze ancillari. Qui voglio sottolineare come gli oggetti nel campo luminoso dello strumento subiscano riconoscimenti sempre diversi nel tempo, per effetto dell'avanzamento scientifico, soprattutto perché cambia la quota interpretativa del riconoscimento, mentre le qualità semplici e più immediate, come la forma e il colore, resistono più a lungo. Noi riconosciamo oggi le stesse forme neuronali che vedeva Cajal più di cent'anni fa, diverse a seconda della localizzazione nel cervello. Per esempio le cellule del III e V strato della corteccia hanno forma piramidale e si chiamano appunto cellule piramidali sia per Cajal che per noi. A questo contribuisce grandemente l'uso della fissazione del tessuto, senza la quale non sarebbe possibile un'osservazione costante. Dobbiamo quindi concludere che la forma dei neuroni è verosimilmente proprio quella che noi vediamo. Insieme alla forma vanno di pari passo altre caratteristiche fondamentali della cellula, come il grosso nucleo vescicoloso, il grosso nucleolo, le zolle di Nissl, la membrana, etc., che non si sono modificate gran che con il passare del tempo, tanto per limitarci ai neuroni. Quello che è stupefacente è che queste forme si ritrovano nel cervello dei mammiferi. Poiché il numero e la forma dei neuroni sono in relazione alle funzioni del sistema nervoso, possiamo dire semplicemente che la loro invarianza qualitativa nel corso di un tratto almeno della filogenesi corrisponde a quella funzionale delle strutture nervose, tenendo conto dell'accoppiata evoluzione/complessità che trova la massima espressione nell'uomo e tenendo conto anche della traslazione delle funzioni in rapporto alla complessità anatomica. Di questo ho già detto nei capitoli "Il riconoscimento" e "Percezione visiva e grandi interpretazioni". Esempi classici sono la corticalizzazione del sistema nervoso nell'uomo, la diversa estensione della funzione olfattoria e la conversione verso quella istintiva delle strutture rinencefaliche.

Altre componenti cellulari sembrano invece di più recente descrizione e sono quelle che più di altre hanno ricevuto nuove interpretazioni, in quanto legate alla comparsa di microscopi più potenti, e legate a funzioni prima sconosciute. Queste richiedono immagini mentali di più recente acquisizione. Spesso il loro riconoscimento è legato a quello della funzione che vi si svolge. Per esempio, quale immagine può accompagnare la parola "kinasi", oppure "fosforilazione"? Passi ancora per termini come "recettore" che possono associare una funzione a un suo schema riassuntivo. Penso ai recettori tirosinkinasici, come l'EGFR, che dopo essersi legati ai ligandi scaricano segnali lungo una via molecolare che conduce alla proliferazione cellulare. È molto importante nei tumori dove può trovarsi in più copie o amplificato o ancora troncato. Come lo vedo al microscopio? Sotto forma di una colorazione superficiale della cellula di colore bruno-oro, se uso certi composti per la rivelazione, né più né meno di come vedo tante altre cose. Cosa mi fa pensare che si tratti dell'EGFR? Ma l'anticorpo che ho usato per evidenziarlo! Certamente non il suo colore in assoluto. Il suo riconoscimento cioè viene dal contesto molecolare e immunologico che ho stivato nel mio vissuto scientifico. A questo mi riferivo quando parlavo di oggetti di recente riconoscimento in cui l'interpretazione gioca il maggior ruolo. In questo processo va da sé la conoscenza sempre maggiore di discipline ancillari.

Un altro esempio può venire dalle proteine. Queste hanno assunto oggi un'importanza che va molto al di là di semplici costituenti del corpo umano, composte da amminoacidi di cui quello che si ricorda di più è il comportamento anfotero e cioè da basi se prevale la dissociazione dei gruppi basici o NH_2 o acidi o $COOH$ se prevale quella dei gruppi acidi. Si diceva, quando i neuroni vanno in sclerosi e perdono acqua, che diventano eosinofili (assumono il colorante eosina, acido) e cioè si concentrano proteine basiche oppure che un certo liquido nel tessuto era "proteico" e cioè ricco di proteine perché eosinofilo. Oggi le proteine hanno acquisito un'importanza enorme che va al di là della loro posizione biochimica, non foss'altro che per essere le esecutrici degli ordini impartiti dai geni e veicolati dall'mRNA nella traslazione. Si sa tutto sulla loro conformazione filamentosa o globulare, sul loro ripiegamento giusto o sbagliato, sulla loro degradazione nel sistema proteasomico sia quando devono cessare la funzione che quando sono patologiche. E come le vediamo? Sotto forma di inclusioni cellulari che con gli opportuni anticorpi riveleranno sempre il solito colore giallo-bruno o altro, comune a tanti altri composti. È la conoscenza delle loro strutture, delle loro conformazioni, del *misfolding*, che ci indica il ripiegamento sbagliato, come in molte malattie neuro-degenerative. Noi però non abbiamo immagini mentali in senso stretto di tutto questo da usare per il riconoscimento. Quelle che abbiamo, per esempio dalla spettrografia di massa delle strutture o dei foglietti, sono bellissime perché tratte da disegni significativi, ma non possono essere usate per confronto con gli oggetti nel campo microscopico. Lì c'è sempre e soltanto un corpo rotondo o amorfo giallo-bruno. Dobbiamo usare schemi mentali costruiti con il vissuto specifico.

Per seguire tutto questo il patologo, come ho già detto, deve essere acculturato nelle discipline ancillari o non può agire da solo, ma deve appoggiarsi a degli esperti in queste. Per esempio, molto spesso la dimostrazione di una certa proteina al microscopio dev'essere confermata dall'elettroforesi, il famoso *Western blotting*. Oppure è necessario studiare l'espressione genica o dimostrare l'mRNA. In ogni modo, pur se non della conoscenza tecnica applicativa il patologo non può fare a meno di quella teorica.

 # Quante strade sotto l'obiettivo

Per poter compiere l'osservazione microscopica è necessario preparare adeguatamente il substrato e la preparazione è diventata nel tempo sempre più complessa. Questo è successo perché inizialmente si è partiti con lo scopo di vedere com'è fatto il substrato, mentre successivamente si sono introdotte manipolazioni chimiche e fisiche del substrato per vedere se conteneva strutture o molecole conosciute dal vissuto. Se ai tempi di Virchow era sufficiente distinguere mediante colori il citoplasma dal nucleo, più tardi si passò all'utilizzazione pratica degli schemi e immagini mentali che il progresso della scienza ha fatto nascere. Alla base di tutte le procedure c'è sempre stata la necessità dell'ingrandimento volto all'approfondimento della conoscenza e tutto si è compiuto attraverso l'analisi di forme e colori, anche se gli obiettivi nel tempo sono sempre cambiati a seconda delle "mode". Il progresso scientifico ha continuato a proporre soggetti di studio in base alla logica del suo sviluppo. Dalla morfologia delle cellule si è passati a studiare la quantità di acidi nucleici, la cosiddetta carica di DNA, poi è stata la volta degli enzimi ossidativi, poi di quelli idrolitici, poi c'è stata l'invasione degli anticorpi, quindi di nuovo il DNA, poi i geni e quindi le proteine, poi i silenziatori e la storia non finisce mai. Tutto questo sviluppo si accompagna all'evolvere del pensiero, della società, dei mezzi di indagine, della cultura e fa sì che l'operatore debba stare in dialettica con il tempo, pena l'obsolescenza in una "moda" superata.

Come sempre devo fare degli esempi. Tutti ricorderanno gli anni Settanta quando cominciò l'era dei lisosomi. Questi piccolissimi organelli si trovano nel citoplasma e contengono racchiusi da una membrana enzimi idrolitici che servono per la digestione di sostanze. Gli enzimi sono prodotti dal reticolo endoplasmatico, trasportati all'apparato di Golgi e quindi distribuiti ai lisosomi. Ci fu una corsa a lladimostrazione di questi enzimi e del loro coinvolgimento nella natura regressiva di molti processi cellulari. Gli enzimi si dimostravano con i naftoli e ricordo che la fosfatasi acida appariva nelle preparazioni sotto forma di tanti puntini marroni, corrispondenti ai lisosomi. Quella del reticolo endoplasmatico invece aveva un aspetto pulverulento. Se però si irradiavano i vetrini con i raggi UV che distruggono la membrana di lisosomi si osservava al microscopio la progressiva trasformazione della reazione puntiforme in una pulverulenta, corrispondente alla fuoruscita dell'enzima dal lisosoma. Era uno spettacolo vedere con gli occhi compiersi un processo biologico.

Grandi speranze furono riposte nella possibilità che una migliore conoscenza dei lisosomi potesse dare più informazioni su certi processi come la morte cellulare, il cancro, etc. Ci furono grandi nomi di esperti di lisosomi che giravano il mondo, invitati a fare conferenze. Ricordo che un giorno venne a Torino il professor De Duve, belga, grande conoscitore dei lisosomi e fece una conferenza nell'aula più grande del nostro ospedale, affollatissima. Si comportava in modo molto disinvolto, abituato ormai alle platee del mondo. Ci chiese, prima di attaccare l'argomento, se volevamo la conferenza in inglese o in francese. Erano gli anni in cui l'inglese stava per soppiantare del tutto il francese nel mondo. Gli rispondemmo di tenerla in francese, in omaggio alla sua nazionalità. Fu sorpreso e disse che Torino, dove il francese era stato abbastanza di casa fino al dopoguerra, era rimasto il solo posto al mondo, dopo il Belgio e la Svizzera fra nœse, a fa e una simile richiesta .Fu piacevolmente sorpreso.

Poi cadde un lungo silenzio sui lisosomi come fuoco di interesse e solo recentemente qualche loro reminiscenza si trova ancora, per esempio nello studio dell'autofagia. La moda è passata. Altre mode sono state più fugaci. Per esempio, negli anni Sessanta aveva acquisito una certa importanza la spodografia dei tessuti, lo studio cioè delle ceneri con riconoscimento al microscopio dei vari metalli o metalloidi presenti, quali ferro, silicio, calcio, fosforo, sodio, etc. Il procedimento consisteva nel mettere un vetrino con la sezione di tessuto su un supporto e infilarlo dentro lo spodografo che era un pezzo di tubo molto spesso di amianto in cui la temperatura poteva arrivare a 600-700 gradi. Sotto l'obiettivo si vedevano i vari metalli di colore e brillantezza diversi e continuando a guardare si poteva far arrivare sul vetrino delle soluzioni che reagivano con i metalli dando colori puntiformi bellissimi. Ci si ripromettevano grandi cose da questo studio, ma non fu di grande utilità e passò come tanti altri. Sempre nel campo minerale fu più redditizio un altro studio diretto a chiarire i meccanismi di calcificazione nel tessuto nervoso. Si metteva sotto l'obiettivo una sezione in contrasto di fase e, mediante una coppia di micromanipolatori piazzati di fianco al tavolo reggi-vetrino e portanti micropipette con la punta a 10 micron, si raccoglievano le concrezioni calcaree. Un lavoro da certosino che poteva durare ore. Ricordo comunque che riuscii a raccogliere 200 mg di concrezioni sulle quali si poté fare una roengtenspettrografia che dimostrò la presenza di idrossiapatite, il cristallo delle ossa. Anche questa procedura non durò e uscì di scena nel giro di breve tempo. Sapevamo però che le calcificazioni del sistema nervoso possono seguire il modello osseo.

Taccio delle proteine il cui studio ha praticamente sostituito quello degli svariati substrati degli anni trascorsi e faccio invece un cenno all'avvento delle cellule staminali e al ritorno in auge delle colture *in vitro*. Si tratta di seguire la formazione di neurosfere e di farle differenziare usando anticorpi in fluorescenza per la dimostrazione. Si assiste a una modificazione morfologica delle cellule accompagnata da una varietà di colori, fondamentalmente basati sul verde e sul rosso in aggiunta all'azzurro, il Dapi, dei nuclei. L'emozione dell'osservazione è doppia: da un lato si tratta di cellule che stanno vivendo e quindi è un'osservazione che si compie *in vitro*, ma praticamente è *in vivo*; dall'altro lato, la combinazione dei colori, brillanti e vivi, distoglie persino dal mirare l'attenzione sul processo per imporsi sul piano estetico. Si fa fatica ad abbandonare l'emozione estetica per vedere i significati al di là dei colori. Le cellule staminali contengono *in fieri* qualcos'altro e questo dipende dal loro grado di staminalità. Quelle germinali addirittura contengono l'organismo, mentre quelle tumorali racchiudono il segreto dello sviluppo dei tumori. Se ci si pensa bene, è stupefacente. So di avere in mano una cellula, di vederla raddoppiare, quadruplicare e via discorrendo, tutto sotto il microscopio. Posso anche ucciderla, la malvagia. Ma so che se questa si trova in un organismo vivente darà origine al cancro che lo ucciderà e io non potrò fare niente o poco. Se non si sta attenti è facile cadere preda di sollecitazioni che vengono dal mondo dell'iponoico e ipobulico. È molto importante rilevare che mentre si osservano al microscopio le cellule viventi e si riconoscono quelle staminali per determinate proprietà, si affacciano alla ribalta della mente insinuazioni provenienti dal nostro vissuto specifico recente che forse le cose possono non stare così come le organizziamo in base alle osservazioni. Forse le staminali possono essere viste in un altro modo o forse ancora non esisterebbero affatto come tali, ma corrisponderebbero piuttosto a uno stato cellulare transeunte, etc. Il dubbio si insinua e in fondo spinge il progresso. Non ci si ferma mai. Forse questo è il motivo per cui difficilmente rileggo un mio lavoro dopo che è stato pubblicato: è ormai superato.

Devo ancora aggiungere che in tutto questo svolge un ruolo molto importante la fotografia. Oggi ci sono mezzi sofisticati computerizzati che consentono di riprendere qualsiasi cosa mentre si svolge. I vari substrati sono una fonte infinita di momenti pittorici e di meraviglia. Qualcuno finirà per utilizzarli a scopo estetico, come ha già fatto il mio amico Benedikt Volk.

Non so quanti cervelli umani, di cane, di gatto, di scimmia, di ratto, di topo, di bovini, di suini, di pecora, di cavia, di oca ho visto nella mia carriera. Migliaia. Non ho tenuto il conto. Andavo regolarmente nel Dipartimento di Patologia alle autopsie dei pazienti neurologici deceduti a discutere i reperti con i miei amici patologi. Il momento dell'autopsia in cui il cervello viene estratto dalla cavità cranica è sempre stato per me occasione di raccoglimento, di intensa emozione, di pietà. Vedere l'organo, di colore *sui generis*, adagiato sul palmo della mano del patologo, inerte e spento, dopo essere stato, lui, per una vita la persona che giaceva in quel momento sul tavolo settorio, mette l'osservatore a confronto con i problemi della morte, dell'universo, della mente, di Dio, dell'essenza della persona umana. Tutta quella ricchezza di strutture macroscopiche, microscopiche a vari livelli di grandezza, molecolari, chimiche, etc., che portano accumulata una lunga esperienza e che hanno contenuto idee, pensieri, sentimenti ed emozioni, che hanno dato vita a quegli occhi adesso spenti e velati e azione a quelle membra immobili e rigide, non c'è più. O meglio, non è più attiva. Mi sono spesso chiesto se nel momento in cui l'individuo muore, visto che poi all'esame istologico-molecolare le varie strutture rimangono visibili, i pensieri e i sentimenti che si sono generati nei neuroni e nelle sinapsi svaniscono o vi rimangono racchiusi come immobilizzati, tanto da poter essere visti non dico al microscopio ma con qualche mezzo che il progresso scientifico ci fornirà. O che possa essere così, almeno per un po' di tempo? O invece la struttura senza la funzione non è più niente? Viene a mancare *il soffio vitale* caro ai greci. La clinica neurologica, la neurofisiologia e le neuroscienze cognitive ci hanno detto come funzionano i neuroni e le sinapsi e sappiamo tutto sull'elettrofisiologia cellulare, sui trasmettitori, su come si propaga lo stimolo nervoso e qual è la relativa biologia molecolare. Tuttavia non sappiamo come si genera il pensiero, anche se sappiamo che dove i neuroni sono attivi lì aumenta il flusso di sangue e si scinde o si rigenera l'ATP. Questo ce lo ha insegnato la risonanza magnetica a diffusione. Tuttavia Kandel[1] ha ribadito che la congiunzione fra l'atto neurale e la soggettività non lo conosciamo. Tanto è vero che, constatando l'impossibilità di applicare allo studio della memoria e quindi della mente dell'uomo l'approccio biologico, che tanti frutti ha dato negli animali, ha propugnato l'uso e la riabilitazione della psicoanalisi. Kandel è anche però quello scienziato che ha dato dimostrazione che l'esperienza modifica il fenotipo, provando che il passaggio dalla memoria a breve a quella a lungo termine comporta una modificazione anatomica delle sinapsi, come già aveva ipotizzato Cajal. D'altronde la risonanza magnetica a diffusione ci sta dando dimostrazione della base organica dei sentimenti e delle emozioni e si fanno strada dimostrazioni che la psicoterapia modifica il substrato organico. Probabilmente le modificazioni anatomo-molecolari che avvengono non sono specifiche per ogni atto mentale, ma a condizionarne la specificità sono la qualità e quantità dei neuroni in cui queste avvengono, sempre come aveva già detto Cajal.

Quando studio al microscopio i cervelli, opportunamente trattati e preparati, mi trovo di fronte a miliardi di cellule di tutti i tipi e a una grande varietà di neuroni. A impressionarmi non è tanto la patologia, perché è comprensibile che la distruzione di neuroni a seguito di una patologia dia dei sintomi clinici, quanto piuttosto le modalità con cui tutte quelle cellule possano dare origine a pensieri e sentimenti. Nelle varie aree corticali guardo i neuroni, distribuiti secondo una regola fissa: la *isocortex,* a sei strati, l'*allocortex* a numero di strati inferiore, con peculiarità che variano da area ad area facendomi venire in mente le carte citoarchitettoniche di Brodmann, di Von Bonin e di altri, ma soprattutto di Ramon y Cajal

---

[1] Cfr. Kandel.

che ha disegnato a mano alla fine del XIX secolo tutti i neuroni dell'encefalo. Non solo, ma dal loro numero e dalla loro distribuzione ha ricavato la loro funzione. La modificazione indotta dallo stimolo mnesico nelle sinapsi consiste nella sintesi proteica e nella comparsa di terminali collaterali, e penso che questa modificazione sia comune a qualsiasi tipo di esperienza. In questo caso quello che determina la specificità dell'esperienza è il contesto neuronale in cui viene iscritta, altrimenti la potremmo vedere al microscopio. D'accordo, ma è così strano, visto che l'esperienza comunque incide sull'anatomia, pensare che i pensieri lascino una traccia? Non mi sembra; come pure non mi sembra strano che una volta decomposta la sostanza nervosa non possa più contenere frammenti di pensieri e sentimenti, anche se fuori dal flusso vitale.

Ma non è solo questo. Siamo sicuri che solo il cervello ci rappresenti? Dove va a finire allora l'essenza ontologica della percezione che unisce il percepito e il percipiente nell'aforisma "io sono il mio corpo?" di Merleau-Ponty? Non credo che corriamo il rischio di essere cerebrocentrici, trascurando gli altri organi corporei che pur hanno una rappresentazione nel cervello, ma non si sa mai. Per ora è così.

Le osservazioni di Kandel sono state fatte nella *Aplysia californica*, la lumachina di mare, perché ha poche cellule nervose e molto grandi che hanno consentito di fare esperimenti e rilevare, dopo adeguato stimolo, il trasferimento al nucleo della protein-chinasi A e di cAMP con attivazione di CREB e anche di CPEB. Di fare questo tipo di esperimento nell'uomo, come dice Kandel stesso, non se ne parla nemmeno. Posso vedere le sinapsi al microscopio attraverso l'Acetilcolinesterasi o la dimostrazione della Sinaptofisina, la proteina associata alle vescicole sinaptiche, che dà bellissime immagini con disegni e colori impressionanti, o posso anche vederle nella loro struttura al microscopio elettronico, ma non potrò sicuramente vedere il momento e come la memoria a breve termine si trasformi in memoria a lungo termine. Tanto meno potrò vedere il passaggio dalle molecole al pensiero, posto che questo si possa vedere, anche con mezzi più sofisticati, o non sia invece il prodotto del lavoro di sistemi neuronali, sempre che questi non siano semplici strumenti di esso. Se anche un giorno sarà possibile raggiungere il punto e il momento di congiunzione fra il biologico e la soggettività, l'eterno dualismo cartesiano ci sposterà il confine più in là, ancora una volta, come ha fatto finora? L'eterno conflitto fra il riduzionismo di Aristotele e l'idea di Platone, rinnovato nell'opposizione fra l'empirismo di Locke e il razionalismo di Kant, non viene mai superato, forse perché la nostra mente non riesce a superare l'antagonismo fra il relativismo della scienza e l'indimostrabilità di quello che sta al di là della scienza. Infatti se la scienza non ha verità assolute e perenni, la metafisica può essere preda di una visione teleonomica e antropocentrica degli esseri viventi quale categoria logica della nostra mente.

La correlazione fra la soggettività e l'attività neurale è misteriosa. Per qualcuno non vi è dubbio che la coscienza stessa abbia una localizzazione nel sistema nervoso, purché questo spieghi la sua unitarietà e soggettività che è una prerogativa imprescindibile[2]. Per Edelman[3] l'intera corteccia cerebrale e il talamo potrebbero rendere ragione di questo. Per altri invece, come Crick[4], premio Nobel per la doppia elica del DNA nel 1954, sarebbero specifici neuroni localizzati in una piccola struttura come il claustro, di cui non si conosce una particolare funzione. Per altri ancora non sarebbe altro che il risultato di funzioni computazionali di aree di ordine superiore. Fondamentalmente credo sia nel giusto Kandel[38] quando dice che alla scienza mancano "delle regole per spiegare in che modo proprietà soggettive (come la coscienza) sorgano dalle proprietà di oggetti (cellule nervose interconnesse)".

Quante volte ho studiato al microscopio la corteccia cerebrale, claustro compreso? Le posso contare a migliaia, ma non ho mai nemmeno visto la possibilità di affrontare il problema dell'esperienza soggettiva in rapporto all'attività neurale. Ovviamente è questa una battuta, tanto siamo lontani dal risolvere questo problema oggi e, penso, anche domani.

Se è misteriosa la correlazione fra pensiero e neuralità, figuriamoci quella con i sentimenti e le emozioni. Qui entrano in ballo l'a-

---

[2] Cfr. Searle; Nagel T. *What is the mind brain problem?*, CIBA Found Symp 174, Wiley, New York, 1993.

[3] Edelman G. *Più grande del cielo: lo straordinario dono fenomenico della coscienza*, Einaudi, Torino, 2004.

[4] Crick FC, Koch C. What is the function of the claustrum? *Philos Trans R Soc London. B Biol Sci* 2005; 1271-1279.

migdala, lo striato e altre strutture, e dobbiamo accontentarci di quanto ci fa vedere la risonanza magnetica a diffusione in rapporto all'ansia, la paura e altri sentimenti o emozioni. A dire il vero queste dimostrazioni non aggiungono molto a quelle fornite dalle correlazioni anatomo-funzionali sviluppatesi nel corso del XX secolo, almeno dal punto di vista del rapporto soggettività/neuralità o anatomia, perché non escludono che le aree corticali messe in attività siano puri strumenti al servizio di qualcos'altro che non conosciamo. Inoltre gli stimoli che noi portiamo per attivarle devono passare obbligatoriamente attraverso vie che giungono al cervello in un qualche modo e non è possibile fare una distinzione fra la funzione che vogliamo studiare e la via sensoriale o sensitiva che funge da veicolo. Senza contare che la realtà che noi studiamo non è quella vera, ma quella deformata dalla nostra indagine stessa o dai nostri strumenti di misura, come in un'estensione biologica del principio di indeterminazione di Heisenberg. Se osservo al microscopio, con qualsiasi tecnica, aree come l'amigdala, l'ippocampo, lo striato, il giro del cingolo o qualsiasi altra che sia legata funzionalmente a sensazioni, sentimenti o emozioni non individuo i neuroni responsabili. Eppure devo credere nelle correlazioni anatomo-funzionali dei neuroni. Per esempio, un neurone piramidale della corteccia motoria è diverso da un neurone del corpo genicolato. Evidentemente il loro fenotipo è solo uno degli elementi, e non il più importante, che insieme al numero e all'assemblaggio concorrono alla correlazione, e probabilmente il fenotipo potrebbe differire per particolarità che non riusciamo ancora a distinguere.

Un esempio di quanto sto dicendo è rappresentato dai "neuroni a specchio". Non ne rifaccio la storia perché è lunga, anche se sono stati descritti da poco[5], ed esistono eccellenti riviste[6]. Sono stati descritti nella corteccia premotoria dei macachi e si attivano

---

[5] Rizzolatti G, Fadiga L, Gallese V, Fogassi L. Premotor cortex and recognition of motor actions, *Cog Brain Res* 1996; 3: 131-141; Gallese V, Fadiga L, Fogassi L, Rizzolati G. Action recognition in premotor cortex. *Brain* 1996; 119: 593-609.

[6] Gallese V, Migone P, Earle MN. La simulazione incarnata: i neuroni a specchio. Le basi neurofisiologiche dell'intersoggettività e alcune implicazioni per la psicoanalisi, *Psicoterapia e Scienze umane* 2006; XL, 3: 543-580.

quando vengono eseguite azioni dirette a uno scopo e anche quando si osservano azioni eseguite da altri. Per le implicanze psicologiche che ha la riproduzione all'interno dell'individuo di uno stato neurale o mentale altrui è della massima importanza e la sua elaborazione è stata sfruttata nelle considerazioni sull'intersoggettività. Questo ha avuto un'eco particolare sulla psicoanalisi o sulla sua attuale rivisitazione, che la ripropone in chiave della psicologia del sé[7] e nel riverbero del circolo ermeneutico[8] in filosofia. Nella scimmia i neuroni a specchio sarebbero localizzati nell'area premotoria F5 e nell'uomo in regioni omologhe parieto-motorie. Essi sono depistati con tecniche neurofisiologiche e mediante la risonanza magnetica funzionale. Nell'uomo il loro maggior rilievo è nella comunicazione sociale e nella comprensione dell'intenzione di un'azione che sarebbe supportata dalla cosiddetta "simulazione incarnata" che sarebbe alla base anche della comprensione linguistica[9]. Questo significa che le strutture nervose dedicate all'esecuzione motoria hanno un ruolo anche nella comprensione semantica delle espressioni linguistiche. Si avrebbe quindi un riconoscimento delle emozioni mostrate da altri. Molto importante è stata l'osservazione che nei soggetti autistici vi è un'assenza di attività dei neuroni a specchio e mancherebbe la simulazione "incarnata"[10]. È chiaro che qui si sta parlando di "quello che pensano gli altri" dove si oppongono la "teoria della teoria della mente" e la teoria della simulazione[11] e poggiano sul concetto fondamentale di "mente incarnata" secondo cui la mente è subordinata alla periferia corporea.

Uno degli aspetti più interessanti è che i neuroni a specchio vengono evidenziati con la risonanza magnetica a diffusione come aree corticali, mentre neurofisiologicamente come singole unità.

---

[7] Kohut H. *La cura psicoanalitica*, Bollati Boringhieri, Torino, 1984.

[8] Gadamer HG. *Verità e metodo. Lineamenti di un'ermeneutica filosofica*, Bompiani, Milano, 1983.

[9] Gallese V, Lakoff G. The brain's concepts: the role of the sensory-motor system in reason and language, *Cogn Neuropscychol* 2005; 22: 455-479.

[10] Gallese V, Migone P, Earle MN. La simulazione incarnata: i neuroni a specchio. Le basi neurofisiologiche dell'intersoggettività e alcune implicazioni per la psicoanalisi, *Psicoterapia e Scienze umane* 2006; XL, 3: 543-580.

[11] Gallagher S, Zahavi D. *La mente fenomenologica*, Raffaello Cortina, Milano, 2009.

Tuttavia l'esame istologico delle aree interessate non è in grado di evidenziarli. Nell'area premotoria e parietale posteriore non si identificano al microscopio neuroni che corrispondano a quelli visti con tecniche elettrofisiologiche. Si è cercato di dimostrare nei soggetti autistici alterazioni cerebrali che rendessero conto dell'assenza dell'attività dei neuroni a specchio. In una rivista recente è stata fatta una rassegna dei principali contributi su questo tema[12]. Sono state descritte lesioni varie nel giro del cingolo, ippocampo, cervelletto, corpo calloso, gangli della base, amigdala e altro e cioè in buona parte del cervello, consistenti in aumento della densità neuronale, presenza di "minicolonne" cellulari nella corteccia, eterotopie, etc. Si tratta cioè di lesioni aspecifiche che, soprattutto, non rendono ragione della scomparsa di pochi e selezionati neuroni corrispondenti a quelli a specchio, anche se si tratta di lesioni verosimilmente verificatesi prima della nascita. Gli studi autoptici eseguiti sono ovviamente senza controllo, programmazione e conte. Le conclusioni sono che i neuroni a specchio microscopicamente non si distinguono dagli altri neuroni e questo per due motivi: o le nostre tecniche di evidenziazione non sono ancora giunte al punto di poter rilevare nella cellula singola la connessione morfo-funzionale, oppure, come aveva già visto Cajal, questa è data da sistemi di neuroni specializzati e collegati con un rapporto morfologia-funzione non ancora esplorabile. Più volte ho guardato al microscopio le aree più sospette, cioè la premotoria e la parietale posteriore, senza poter ricavare indizi di sorta.

Sarebbe troppo bello se si potessero vedere nel campo microscopico quei neuroni le cui funzioni sono state captate dagli esperimenti neuro-fisiologici, come i neuroni "a specchio" che tanta parte hanno nell'imitazione, nella copia e anche nell'intersoggettività e nell'apprendimento, o come le *place cells*[13] dell'ippocampo del ratto in cui è codificato lo spazio esterno.

---

[12] Bauman ML, Kemper TL. Neuroanatomic observations of the brain in autism: a review and future directions, *Int J Devl Neuroscience* 2005; 23:183-187.
[13] Johnson A, Redish AD. Neural ensembles in CA3 transiently encode paths forward of the animal at decision point, *J Neuroscience* 2007; 27: 12176-12189.

Conclusioni

Il mondo microscopico e il mondo reale non si contrappongono e si compenetrano, anche se in ultima analisi il secondo oggettiva il primo. In entrambi la soggettività non arriva all'essenza delle cose; di mezzo c'è il linguaggio e il mondo è introitato attraverso le categorie linguistiche – l'ipotesi di Sapir-Whorf. Non vi è differenza fra l'essere nel mondo e pensare il mondo, entrambe avrebbero la stessa forma logica, dice Wittgenstein. L'uomo non può recepire il mondo che come uomo e per via della "mente incarnata" non può superare se stesso. Nella sua interazione con il mondo cade nella dialettica del segno e del recettore nel senso dell'evoluzione e cioè nella logica del DNA, perché l'esperienza che modifica il fenotipo attraverso la sintesi proteica non tocca la specie. Qui nasce tutta la questione della libertà, del libero arbitrio, della coscienza superiore e dello scontro fra riduzionisti e non riduzionisti. Arriviamo a Kandel secondo cui il punto d'incontro fra atto neurale e atto mentale o fra soggettività e biologia non lo conosciamo. Qui mi fermo e rimango ad ascoltare altri a proseguire la discussione, compresi i metafisici e i credenti, purché non abbiano la pretesa di scientificità delle loro proposte di salvezza.

Il mondo reale include quello microscopico, anche se ne rimane influenzato, perché la coscienza è unica a elaborarli. Il mondo microscopico ha come pregiudiziale la sistematicità e l'attenzione e come prerogativa l'organizzazione spaziale. L'esperienza di microscopia da un lato accentua il terrore per l'incomprensibilità dell'infinito e dell'eterno, e dall'altro facilita la comprensione che la "quarta dimensione", cioè lo spazio-tempo, possa essere una modalità di recepire dell'uomo, legata all'"incarnazione" della sua mente.

È stato detto che "il sistema nervoso non è in grado di elaborare informazioni che non siano tradotte dalla periferia, né può autorizzare movimenti che sono fisicamente impossibili per la periferia"[1] e che non c'è cognizione senza corporeità[2]. È esattamente l'opposto della concezione della mente disincarnata il cui campione è stato Cartesio, come Merleau-Ponty[3] è stato quello della corporeità della mente. Proprio lui – e questo è fortemente pertinente al tema trattato – concepiva una prospettiva incarnata che si riferiva al fatto che vedere è sempre vedere da qualche luogo. Unitamente al capire il mondo attraverso categorie linguistiche[4] e il linguaggio come sua raffigurazione[5], la nostra posizione nei confronti degli oggetti risulta determinata, in entrambi i campi. Una differenza, ma solo quantitativa, sta nell'obbligatorietà nel mondo microscopico di rispondere a quesiti per ogni oggetto: che cos'è, perché c'è e come si è prodotto. Nel mondo reale a questi quesiti abbiamo già risposto una volta per tutte oppure abbiamo accettato quanto ci è stato trasmesso. Nel mondo microscopico gli apriorismi, costruiti con l'esperienza o usati bell'e pronti, perché forniti dall'intersoggettività, dovrebbero essere costantemente sottoposti a critica, perché per definizione si entra in questo mondo di proposito, con lo scopo di trovare oggetti o interpretazioni nuove, e il dare risposte diventa istituzionale. Nel mondo reale l'ideologizzazione è quasi la regola, a tutti i livelli, e aspirazione massima dell'uomo pensante è quella di combatterla con la cultura e l'autenticità. Tuttavia, la possibilità d'ideologizzazione c'è anche nel mondo microscopico, come in quello scientifico in generale, e da ciò nascono gli errori o le ipostatizzazioni e gli arroccamenti legati al timore per le novità e le rivoluzioni.

---

[1] Chiel HJ, Beer RD. The brain has a body: adaptive behaviour emerges from interactions of nervous system, body and environment, *Trends in Neuroscience* 1997; 20: 553.
[2] Gallagher S, Zahavi D. *La mente fenomenologica*, Cortina, Milano, 2009.
[3] Cfr. Merleau-Ponty.
[4] Cfr. Worf.
[5] Cfr. Wittgenstein.

Dicendo che nel mondo microscopico il discernimento della realtà diventa istituzionale significa che esso viene esplorato con metodo scientifico. Si dice comunemente, quando c'è una controversia o le cose sono incerte, che chiarezza può essere fatta con l'esame microscopico. Come se questo raggiungesse una maggiore obiettività. Qui il discorso diventa lungo, perché anzitutto dovremmo precisare che cos'è il metodo scientifico, inteso non tanto in quanto diverso dal metafisico, religioso o altro, ma come pratica quotidiana dello scienziato. Devo confessare che non ho la competenza per addentrarmi in questo discorso, ma ricorderò semplicemente, per tenere vivo il problema, la contrapposizione fra gli induttivisti e i deduttivisti sul percorso da fare per raggiungere la conoscenza. I primi operano secondo lo schema: osservazione, esperimento, misurazione, modello, teoria. I secondi – e fra questi ricordo il famoso Bertrand Russell – si appoggiano sulla falsificabilità di Popper[6], opposta alla verificabilità degli induttivisti, e in ciò la sperimentazione può avere soltanto un effetto negativo. Un percorso diverso quindi viene indicato per raggiungere la conoscenza. Vi sono critiche al metodo scientifico e la più importante è quella di Kuhn[7] con le rivoluzioni scientifiche e il cambiamento dei parametri, senza dimenticare chi vede effetti deleteri della scienza sulla società se non opportunamente guidata[8]. E invece in che cosa consiste l'obiettività? Intanto essa non si esaurisce nella semplice osservazione di un fenomeno e non s'identifica con l'oggettività scientifica. Fondamentalmente essa dipende dalla capacità critica, che impone una specie di autodisciplina, e dalla capacità di produrre un dato che rientri quanto più è possibile in ciò che è stabilito in quel determinato momento dall'intersoggettività e cioè dall'accordo critico fra scienziati. Secondo Popper gli esperimenti sono sempre guidati dalla teoria e da ipotesi, e importante è distinguere tra teorie controllabili e teorie non controllabili o non falsificabili. In questo contesto dobbiamo accettare che il linguaggio scientifico nasca da quello ordinario con in più la "standardizzazione" intersoggettiva, e cioè le misurazioni, come ho

---

[6] Cfr. Popper.
[7] Cfr. Kuhn.
[8] Sermonti G. *Crepuscolo dello scientismo*, Nova Scripta, Genova, 2002.

già abbondantemente detto, con il superamento della fallacia delle percezioni e che sia storicizzato con effetti di risistemizzazione. La verità non sarebbe assoluta, ma frutto di un accordo convenzionale fra scienziati e quindi con valore storico. La scienza cioè sarebbe un conglomerato di proposizioni "falsificabili" e cioè vere fino alla loro confutazione. Popper, ovviamente, è stato ampiamente criticato e si è criticato, poiché il suo relativismo assoluto se applicato a se stesso si annulla, ma qui il problema non è dibattere il concetto di verità, la metafisica, che cosa c'è al di là del dominio scientifico[9]. Lo scienziato può ideologizzare e dedialettizzare, sottraendo cioè alla dialettica dell'intersoggettività, e ipostatizzare, qualche volta secondo meccanismi di falsa coscienza. Chi usa il microscopio è soggetto alle stesse possibilità. La lotta all'ideologizzazione si compie attraverso la cultura, l'esercizio della critica, che deve imporsi di rispondere sempre a dei "perché?" e prospettarsi costantemente alternative, e soprattutto l'umiltà che rifiuta l'autoreferenza e l'uso della propria autorità ufficiale.

---

[9] Küng H. *Ciò che credo*, Rizzoli, Milano, 2010.

i blu - pagine di scienza

Passione per Trilli
Alcune idee dalla matematica
R. Lucchetti

Tigri e Teoremi
Scrivere teatro e scienza
M.R. Menzio

Vite matematiche
Protagonisti del '900 da Hilbert a Wiles
C. Bartocci, R. Betti, A. Guerraggio, R. Lucchetti (a cura di)

Tutti i numeri sono uguali a cinque
S. Sandrelli, D. Gouthier, R. Ghattas (a cura di)

Il cielo sopra Roma
I luoghi dell'astronomia
R. Buonanno

Buchi neri nel mio bagno di schiuma
ovvero L'enigma di Einstein
C.V. Vishveshwara

Il senso e la narrazione
G.O. Longo

Il bizzarro mondo dei quanti
S. Arroyo

Il solito Albert e la piccola Dolly
La scienza dei bambini e dei ragazzi
D. Gouthier, F. Manzoli

Storie di cose semplici
V. Marchis

noveper**nove**
Segreti e strategie di gioco
D. Munari

Attraverso il microscopio
Neuroscienze e basi del ragionamento clinico
D. Schiffer

Di prossima pubblicazione

Teletrasporto
Dalla fantascienza alla realtà
L. Castellani, G.A. Fornaro

GAME START!
Strumenti per comprendere i videogiochi
F. Alinovi

Pensare l'impossibile
Dialogo infinito tra arte e scienza
L. Boi